JN141061

見えてくる日本ワインの未来

～真説 日本ワインの源流～

The grand future of Japan Red wine comes into view.

ワイン研究家 濱野 吉秀

旭屋出版

各地の山葡萄の畑

エスプラスカンパニーの新里の山葡萄

岩手くずまきワイン近在の鍋倉の山葡萄畑

ひるぜんワインワイナリー前のオブジェ

日本の山葡萄100%と小公子ワイン

安心院ワイン　小公子2015

フルーツグロアー澤登　小公子
「もっと自然に牧ノ庄赤葡萄酒

ココ・ファーム・ワイナリー
小公子微発泡ワイン

岩手くずまきワイン「レアリティー」
山葡萄ワイン

エスプラスカンパニー「涼実紫」
山葡萄ステンレス発酵ワイン

ひるぜんワインの山葡萄ロゼワイン

エスプラスカンパニー「涼実紫」
山葡萄樽発酵ワイン

涼海の丘ワイナリーのマリンルージュ「紫雫」
山葡萄ワインロゼ

涼海の丘ワイナリーのマリンルージュ
「紫雫」山葡萄ワイン赤

ひるぜんワインの山葡萄赤ワイン

奥出雲葡萄園小公子ワイン

常陸ワイン小公子ワイン

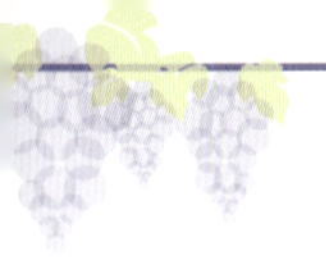

ココ・ファーム・ワイナリーの本社社屋前の葡萄畑マルサン

ココ・ファーム・ワイナリーのワインカーブ

ココ・ファーム・ワイナリーのマルサン前のレストラン

ココ「Ashicoco」甲州とデラウエアのブレンド

ココ「北ののぼ」スパークリングワイン
ピノ・ノワールとシャルドネ

ココ「こころみノート」ノートン　赤ワイン

ココ「農民ロッソ」ナルロー、
カベルネ・ソーヴィニヨン

ココ「陽はまた昇る」タナと
カベルネ・ソーヴィニヨン

ココ「第一楽章」マスカット・ベリーA

ココ・ファーム・ワイナリー

▸P116

ワイナリーの葡萄畑とマスコット役の山羊

ココ・ファーム・ワイナリーの空撮による葡萄畑

下田澤山ぶどう園

▸P182

岩手県九戸村の山葡萄の自社畑　下田澤榮吉
の左の葡萄樹は40年近い穂木からの老木
左右に40メートルに水平に伸びている

kofugreener

▸P183

手塩にかけ育種した小公子

はこだてワイン

▸P136

秋の山葡萄収穫風景

岩手
くずまきワイン

▸P140

ワイナリーの全景

エスプラスカンパニー

▸P145

契約畑
新里の山葡萄畑

涼海の丘ワイナリー

▸P149

契約畑の山葡萄畑その
先は三陸の海原

白山やまぶどう ワイン

▸P155

自社畑の光景とヤマソーヴィニョン

シャトーまし野 ▸P157

ワイナリーとワインショップの全景

オードリーファーム

▸P158

山葡萄畑に立つ奥山次郎氏

ひるぜんワイン ▸P158

ひるぜんワイナリーの正面

常陸ワイン ▸P164

常陸太田の自社畑

フルーツグロアー澤登

▸P166

牧丘の自社農園の小公子

田中ぶどう園

▸P168

選果作業に励む田中康夫

奥出雲葡萄園

▸P169

作業中の葡萄園

高倉ぶどう園

▸P177

手搾り中の高倉敬志郎

安心院ワイン ▸P174

ワイナリーと下毛園場

安心院ワイン

左はワイナリーのゲート、
下は醸し作業

目次

中編　ワイン造りと葡萄栽培の現場

後編　至福のワイン

はじめに

1 葡萄栽培とワイン造りの伝承

著者が本書の執筆を決意した第１の理由は、昨年2017年５月に、青森と岩手両県の葡萄栽培地とワイナリーを訪ねた折りに、わが国の考古学上での縄文時代以前より、日本列島の各地、主に東日本の山野や中国山地に多く自生している山葡萄の親株から採取した子どもにあたる穂木（注１）を、35年を越える歳月をかけて大事に栽培続けてきた葡萄栽培技術の“達人”と、その山葡萄の果実を原料として試行錯誤の末に良質なワイン造りに挑戦している醸造の“匠”たちとの出会いによって、真っ当な日本ワイン造りの伝承を守るという真摯な姿に触れ、熱い思いを秘めて帰京したことによります。

これまで国内の大中のワイナリー各社が、日本の国土と気候に適さない幾つかの悪条件を踏まえ、欧州系葡萄品種の栽培とワイン造りに励み、大量の農薬の使用と雨よけの工夫等によって、本場欧州ワインの品質に迫るか、出来ればそれに優（まさ）るワイン造りを目指している姿を尻目に、先に出会った東北の達人や匠たちは、寒冷地での日本古来からの山葡萄とその交配種による有機栽培の葡萄を原料に“真”の日本ワイン造りを生涯を賭け持続してきたのです。

これら国内のワイン造りの有り様は、過去に著者が巡ったイタリアやフランス各地のワイナリーと、ここ20年間係わってきた中国大陸での大規模な葡萄畑やワイナリーでの体験とはまるで異質な世界であり、“ワイン造りの原点”の実情に出会ったと言うほかない貴重な体験でした。

そうです。ワインの本場ヨーロッパや新興中国での機械化されて一気にボトル何千、何万と生産されるワイン造りではなく、北の大地での、無農薬の葡萄栽培と、古代の手づくりワインの原点に近い技法と思念が内在していた実情に、強い感銘を受けたのでした。

とはいえ、過酷な条件下での葡萄栽培の達人とワイン造りの匠たち、つまり生産者側のみでは当然のこと、今日までその思念や技術が伝承されることはなかったのです。

地元で製品化されたワインは、地元や周辺地域の人々にとって、品質の点で欧米産ワインよりやや見劣りし、買値も割高であったとしても、“顔の見えるワイン”（本文第5章に記述）として、地場でのその生産者である達人と匠を敬愛し、誇りを感じてきたに違いありません。“健康的なワイン”“体が勇気づけられるワイン”と、造り手とまるで運命を共にするような思いで買い求め、支えてきた熱い思いが込められてきた事実を忘れてはならないのです。

ワイン愛好者の多くは、恒常的に欧米や国内大手の“顔の見えないワイン”を、広告や飲食店での一方的な勧めで口にしているようです。

筆者はこの機に“顔の見えるワイン”を、探求と実体験を通して解析し、読者の皆様に知っていただきたいとの願いをこめ本書の執筆に至ったのです。

2 ワイン&山葡萄源流考

著者の精神的な師であります澤登晴雄は（注2）終戦の年の1945年(昭和20年)に東京国立に農業科学化研究所（注3）を立ち上げ、山葡萄系種の交配による新種を数多く開発、さらに国内での草創期である有機農法の推進を提唱し、後に日本葡萄愛好会（注4）を設立し、日本葡萄愛好会は本年2018年で57年目を迎えています。

澤登晴雄の著書『土にまなぶ』『ワイン＆山ブドウ源流考』、そして『国産＆手づくりワイン教本』は、“身土不二”つまり身体と土は分けるべきではなく“健康な肉体づくりは健全な土から”として、有機

（注1）
穂木
挿し木、接ぎ木に使う枝。

（注2）
澤登晴雄
1916年山梨県牧丘生まれ。明治大学政経学部卒。県立師範学校卒。1945年東京国立市に農業科学化研究所設立。日本葡萄愛好会初代理事長。日本キウィフルーツ協会理事長。日本有機農業研究会代表理事。日本ワインバンク理事長等。

栽培による葡萄と有機ワイン造りを実践推奨し、当時“山葡萄の父”とも呼ばれたのです。

また1976年（昭和51年）には日本初の試みとして「日本ワインバンク」を設立しています。日本ワインバンクは、澤登晴雄の30年にわたる山葡萄の研究と有機農法の集大成であり、山葡萄系品種を原料とする体にやさしい良質なワイン造りを提言、全国の志を共にする醸造家、葡萄栽培家、自然食品関係者、医師、ジャーナリストなど各界の有志が賛同、日本ワインバンクが発足したのです。いわば有機葡萄ワイン造りの日本での先駆けとして注目されたのです。

今から40年以前に提唱され実行された、この澤登晴雄に助力した弟の澤登芳の兄弟の二人三脚による事蹟は、2016年4月に筑波書房から出版された筆者の『ワインの“鬼”　有機葡萄60年の軌跡』（注5）に詳しく記述しています。

この日本ワインバンクの思念は現在でも形を変えて、第三セクター方式（注6）のワイナリー造りとなり、日本列島の幾つかのワイナリーの存在に至っているのです。

日本古来の遺伝子（DNA）を継承する山葡萄は、有機ワイン造りの伝承となり、交配種を含めて今日もなお日本各地での山葡萄栽培として脈々と引き継がれています。

繰り返しますが、２万年以前より地球上に存在したとされる山葡萄は、日本にあっては縄文期より厳しい風に耐えうる強い樹勢と、含有する人体への多くの有効成分（詳細は本文第4章に記述）により、

（注３）
農業科学化研究所。
1945年（昭和20年）東京国立市に設立。目的は葡萄、キウイフルーツなどの有機農業による農業指導者の育成。
初代理事長・故澤登晴雄。
2代目理事長・故千恵子夫人。現在の理事長は晴雄氏の長男公勇。

（注４）
日本葡萄愛好会
1961年（昭和36年）東京国立市の農業科学化研究所内に設立。目的は葡萄の品質改良及び選枝とその研究による新しい葡萄園の経営。
初代理事長・故澤登晴雄。２代目晴男の末弟故澤登芳。現在は３代目理事長鈴木三千代。

薬用酒として愛飲されてきた歴史があるのです。

幸いにも近年、にわかに再認識されてきた山葡萄ワインは、著者の独断と偏見によれば、“日本ワインの原点”つまり“源流”であるとの思念を“真説”として読者の皆様に知っていただきたいのです。

③ “山葡萄に生きる” 岩手県野田村

山葡萄の強い樹勢と高濃度のポリフェノールの含有、そして有機栽培によるワイン造りの新たなワイナリーの誕生の証左として、2016年岩手県の三陸海岸近くの九戸郡野田村の「涼海（すずみ）の丘ワイナリー」の起業があります。

野田村は2011年の東日本大震災と、その後の大型台風と2度の大災禍を蒙り、住宅500戸余りが大打撃を受けたのです。しかし、沿岸の背後を囲む高台の山葡萄“涼実紫”（岩手県が定めた原産地山葡萄の名称）が、激しい風雨と塩害に見舞われながらも“凛”として樹勢を保持し、その山葡萄の存在の意義に勇気を与えられた野田村の村民は、岩手県と周辺地域の関係者に働きかけ、その努力の甲斐があって株式会社「のだむら」の業務の1つとして、新たに「涼海の丘ワイナリー」を立ち上げることに成功したのです。（詳細は本文第12章④に記述）

まさに“災い転じて福と為す”で、2017年に岩手野田村産山葡萄ワイン、マリンルージュ「紫雫（しずく）」のロゼと赤をリリース。本書執筆中の初春には、本格的な長期樽熟成の辛口が販売されたのです。

こうした野田村のワインに関する全容については、

（注５）
ワインの鬼
有機葡萄60年の軌跡
著者濱野吉秀の執筆により2016年４月、筑波書房より発刊された。2017年6月、料理（ワイン等を含む）本の国際的なアカデミー賞と言われれるグルマン世界料理本大賞のBest Organic Biodynamic部門で世界２位を受賞。有機栽培に挑戦している全国組織「日本葡萄愛好会」の編集協力により、創設者澤登晴雄とその弟芳の兄弟の生涯を賭けての山葡萄栽培とワインの開発の経緯を紹介。さらに著者の長期にわたるワインの世界での体験と現在のワインに関する課題を記述。

（注６）
第三セクター
国や地方公共団体と民間の共同出資による事業体。

既述のように2017年5月の東北訪問中に知り得た著者は、帰京後に、1年にわたる青森朝日放送制作によるＴＶの記録画像「村の復興の柱“山葡萄と生きる”」の1時間番組を入手、何度も見直し、強い感銘を受けたのです。

山葡萄独自の樹勢が地域の人々に与えた生命力の力強さに共鳴した著者は、精神の師・澤登晴雄の生涯を賭けて実践、提言してきた山葡萄とそのワイン造りの真価を改めて思い起こす契機となったのです。

4 “自然派ワイン”世界での台頭

若き日の著者と澤登晴雄との出会いによる縁により2012年の2月から日本葡萄愛好会の顧問を引き受け、以来全国の愛好会会員と交流を深めてきました。

しかし、著者と交遊関係のあるワイン関係者のなかには残念ながら、山葡萄とその交配種によるワイン造りを亜流にすぎないと蔑視する向きがあります。この傾向は、国内の大中のワイナリーと輸入ワイン関係者、さらには欧米ワインのみに顔を向けているソムリエ等の多数派が占めています。

著者は、山葡萄ワインを亜流とみなす日本のワイン関係者に対し、日本山葡萄ワインが本流であり、源流であることをもっと掘り下げて学ぶべきであり、そのために本書ではその探求と解析を試みたいと考えたのです。

少し脇道にそれますが、現代ワインの生産では新興国にあたる中国のワイン業界は、いまやワインの生産量と消費量で世界で５本の指に数えられるまでに成長し続けています。

その中国で、著者はアジア唯一の醸造大学で教鞭をとって21年目になります。その中国のワイン総生産量（輸入加工ワインを除く）は、直近で120万トンですが、その15％の18万トンが山葡萄３品種からなるワインなのです。しかも総生産量の20％は有機栽培による無農薬栽培、無添加の有機の自然派ワインを造り出しています。（詳細は本文第７章、

中国の山葡萄ワインの現状に記述）

この中国の事情をワインの本家、欧州各国をはじめ米国、カナダ、オーストラリアのワイン専門家たちは、中国のワイン関係者との頻繁な交流によって熟知しているところです。しかし、日本のワイン専門家の大多数はお隣の国のその事実を知らず、また知ろうとも思わない、まさに“井の中の蛙（かわず）”と言えます。

今日、有機農法による有機ワインとビオワインを含む自然派ワイン（注７）の生産は、欧米はもとよりオセアニア、中国でも拡大しているのです。

こうした有機ワインとビオワインの世界の事情を、ネットにより承知している若者を中心に、首都圏や大都市のビストロやイタリア料理店で自然派ワインとして供応する店が増えていて、自然派ワイン専門のワインバーも出現しています。この自然派ワイン台頭の根本理由を、国内のワイン関係者、さらにはワインジャーナリスト、ソムリエ等は真摯に考えるべきときがきたのではないかと思われてならないのです。

5 アンチ・山葡萄ワインへの“アンチ”

既述のように、2016年４月に拙著の『ワインの“鬼”　有機葡萄60年の軌跡』が日本葡萄愛好会の編集協力を得て、筑波書房より出版されました。

この著作を、著者はワイン関係の20数人の知人に寄贈しました。その寄贈先のひとりで、９年来の交遊があり、著者はある面では敬愛してやまない日本での代表的なワイン評論家Hより、著作『ワイン

（注７）
ビオワイン&自然派ワイン
（仏語Vin Naturel
英語Natural Wine）
可能な限り自然のままの製法で作られたワインであり、原料となる葡萄は農薬や化学肥料が使用されない有機農法で育成されることが前提となる。つまり自然派ワイン。
しかし、醸造過程において様々な条件が求められ、有機農法を採用していても醸造過程で何らかの添加が行なわれたり調整が加えられたものはオーガニックワインとなる。
自然の力を十分に引き出せるように造られたワインの総称でもある。葡萄の底力を引き出し、それを最大限に生かしてボトリングされるために、味わいがピュアであり、それまでのワインのイメージを覆すのが大きな魅力。

（注８）
ジベ処理
ジベレリン処理の略語。ジベ処理の前に花穂の整形を行った後、植物ホルモンのジベレリン溶液により花芽形式と開花促進に役立てる。

の鬼』に対する評論文が著者の手許に送られてきたのです。内容の主旨を要約しますと次の通りです。

「あなたが澤登晴雄氏の業績を賞賛することは理解できますが、山葡萄によるワイン造りには問題があり、上級ワイン造りは不可能です。

山葡萄には"絶対的限界"があると考えられ、俊逸なワインを造り上げたワイナリーは無いのです」

評論家Hは常々"アンチ・山葡萄ワイン"を持論とし、過去に著者との飲み会で山葡萄ワインに関する是非論について、何度か激しいやりとりしてきた経緯があります。

このHの『ワインの鬼』の評論は、著作に対して熱意を込めて批評してくれたことには心より感謝するものの、その一方で、Hのワイン評論家の立場と、ワイン研究家の著者の立場の相違を含め、著者は次のような主旨をHに返信したのです。

「ワイン研究学徒のひとりとして、今日（こんにち）の科学界の研究と開発は、時間の推移と共に必ずや進化していくものと信じて疑いません」

この婉曲的な言い回しは、現在のワイン業界の大先輩に対する礼節によるものです。

しかし、この返信の真意には、現在の欧州系の国際品種といわれるワイン醸造用の葡萄品種の多くが、次のような歴史的段階を辿って今日に至ったとされる有力な説が定着していることが起因しています。

紀元前6000年頃から紀元前4500年頃にメソポタミアのシュメール人による「原始ワイン」を経て、紀元前4000年頃から紀元前1500年頃の「旧ワイン時代」に人類史上初の栽培のワインに健康の効果があることが記録され、ワインの力が宗教儀式に取り入られたとされています。

その後、「古典ワイン時代」「新ワイン時代」と続き、実に3500年をかけて「現代ワイン」となり、現代のワイン用の葡萄品種に至るまでおそらく何十万回、何百万回の交配を繰り返して実現、定着したものと考えられるのです。これに対し、日本でのたかだか百年有余のワインの歴史的経緯のなかで、今日の山葡萄によるワイン造りを"絶対的限界"と決めつけることは、偏在的な発想である、というのがワイン研究の一学徒としての著者の見解であり、反論だったのです。

世界屈指の農薬使用大国である日本にあって、食の安心・安全性と健康志向は重要課題です。

葡萄栽培上での農薬使用、ホルモン剤でのジベ処理（注８）など、幼児や年少者の健康に留意しなければならない実情を抱えている現実を、ワイン関係者は十分に認識する必要があるのです。

6 日本における有機葡萄の国際的評価

前項のワイン評論家Ｈとの『ワインの鬼』に対する評論のやりとりがあったのは、一昨年2016年5月のことです。

その１年後の昨年2017年5月に、既述のように東北の山葡萄栽培地とワイナリーを訪ね、山葡萄ワインの真価を改めて思い知らされて帰京した直後のことです。奇縁にもフランスのパリに本部のあるグルマン世界料理本大賞（注９）の第22回2017年度の授賞対象本に、先の評論家Ｈより批判されました著書『ワインの鬼』（JAPAN 60YEARS ORGANIC GRAPES, GREAT WINE WIZARD）が、ベスト・オーガニック＆ビオナミ部門（Best Organic And Biodynamic Book）で世界2位に入賞したとの知らせを受けたのです。

この受賞は著者としては2010年の第16回グルマン大賞で著書『ワインの力』（注10）が健康飲料部門（Best Drinking And Health Book）で4位に入賞し

（注９）
グルマン世界料理本大賞
（Gonmand World cook book Awards）
世界の優れた料理本（ワイン等飲料も含む）に対して贈る国際賞。1995年にフランスの資産家コアントロー（Edouard Cointreau）が設立した。この大賞はヨーロッパ16ヶ国の代表により選抜、参加国は2017年で211ヶ国、96ヶ国が最終選考に残り、最終選考569作品から88のカテゴリーで受賞が発表された。この22周年には日本人の作品はグランプリが５作品、第２位が４作品、第３位が２作品であった。

（注10）
ワインの力
濱野吉秀の著書。2010年４月に飛鳥新社より刊行。サブタイトル「ポリフェノール・延命力の秘密」、主に赤ワインの医学的効能を記述。１日２杯の赤ワインの飲用で認知症予防が注目される。動脈硬化を防ぐ、血流を良くする、脳機能を改善する、脂肪の吸収を抑える、など国際的な医学面での研究を紹介。
この著作で第16回のグルマン世界料理本大賞の健康飲料部門で世界４位を受賞した。

ていますので、日本人として光栄にも2度目の受賞となったわけです。

第22回の同部門でのクランプリは南フランスにワイナリーを有し、ビオナミを国際的に提唱しているフランス人のニコラ・ジョリ（注11）の著書『ビオナミ』（BIO DYNAMIE）でした。次いで4位なしでの3位が２人で、それはスペイン人の自然ワイン（VINO NATURAL）、アメリカ人の有機ワイン市場（ORGANIC WINE - A MARKER'S）で、いずれもその研究での国際的な専門家です。

この著書『ワインの鬼』のグルマンの受賞は、たんに著者の個人的問題として考えるべきではなく、日本における有機葡萄栽培のための山葡萄と、その交配種の新たな開発の成果によって、良質なワイン造りに貢献してきた先人たちへの国際的な評価として受け止めるべきかと思われます。

7 原産地呼称の制度化

これまで国内の主に大中のワイナリーは長い間、経営安定化のためか、海外からの安価なワインや葡萄の液汁に、日本産のワインや葡萄液汁を少量加え、「日本産ワイン」と称して市場に流通させてきた経緯があります。

その事実を行政当局は黙認し、またワイン愛好者のなかには疑問を抱きながらも飲み続けてきたという変則的な慣習が日本のワイン業界のなかで長く続いてきたのです。

そうした矛盾に近年、国内外からの批判を受けて、

（注11）
ニコラ・ジョリ（Nicholas Joly）
フランス、ロワールの著名ワイナリー、シャトー・ド・ラ・ロッシュ・オ・モワーンヌのオーナー兼醸造責任者。ワイナリーに隣接する単一畑。
クロ・ド・ラ・クレ・ド・セランから生まれるシュナン・ブランはフランスでは最も有名な辛口ワインの一つ。ジョリはバイオダイナミクスの理論指導者としても知られる。またニコラ・ジョリは2000年３月にカリフォルニアを訪れ、モンダヴィやジョセフ・フェブスら代表を含むグループにバイオダイナミックスの講義を行ない注目された。日本誤訳の著作「ワイン天から地まで=生力学によるワイン醸造栽培」飛鳥出版がある。

遅きに失する感があるものの、2018年10月から原産地呼称（注12）が制度化し、製品表示がやっと正規に施行されることになったのです。

具体的には、日本国内で栽培された100％の葡萄原料で製造されたワインを「日本ワイン」と規定され、また地場呼称のワイン名の表示は、地元地域の葡萄原料85％以上使用のワインのみを地域ワイン名の表示と認定されることになったわけなのです。

日本の風土独特のテロワール（注13）の関係で、欧州のワイン用の葡萄品種での国内でのワイン造りには、ものの比喩ではサイズ違いの制服を着せられたような、窮屈な製品化の無理強いとなって、勢い綻（ほころ）びを繕（つくろ）うために、各栽培者とワイナリーは化学肥料、農薬の使用は避けられず、そのうえコスト的にも欧州やオセアニア産のワインとの格差を生じ、如何ともしがたい問題を抱えてきたのが日本のワイン業界の宿命的な立ち位置だったのです。

そして、既述の原産地呼称制度の導入が予想された2、3年前から、大中のワイナリーの大方（おおかた）が原料葡萄の不足と、さらには葡萄苗木の手当と葡萄の保存に難渋するという事態を招き、現在もその情況が続いているのです。

けれど、わが国には古来からの独自の山葡萄が存在し、在来種の甲州、さらには山葡萄との交配種によるマスカット・ベリーA、小公子、ブラック・ペガール、ホワイト・ペガール、国豊3号、ヤマソービニオンなど技術的改良によって良質なワイン用葡萄が次々と誕生し、日本の国土に根ざした有機の葡萄栽培を可能にしてきた事実があるのです。

（注12）
原産地呼称
特定の地域や指定区域の地理的環境や国土に由来する優れた特質と有する産品に、これを指し示すために表示する、その地域や特定区域の呼称。原料の種類、品種や産地、栽培、飼育に関する条件、製法等の要件が規定され、これを国や自治体が、保証するもの。

（注13）
テロワール（terroir）
畑を取り巻く全ての環境を指す。畑の斜度や方位の地形、標高、日射量や降雨量、気温などの気候、土壌など葡萄栽培に影響を与える要素を包括する。

ともすれば亜流と見なされてきた、これら山葡萄とその交配種による葡萄栽培によって、既述のように自然派ワインの拡大につながることを著者は願って止みません。

前編

日本ワイン
再発見

第1章

山葡萄とその系統

1 深紅色の天上からの恵み

古来から山葡萄または野生葡萄と呼ばれてきた山葡萄は、前項の「はじめに」にも記述しましたように、野山の自然の山葡萄の親株から人の手によって栽培されるようになってから後、欧州系種のワイン用葡萄の品種の呼名と文字に倣（なら）って、日本における使用文字を「山」ではなく「ヤマ」と改められるようになったようです。

著者としましてはヤマブドウではなく、自然味の残る「山葡萄」の方が栽培時の光景が滲み出て実感が深まることから適字と考えています。また葡萄品種の在来種も“コウシュウ”ではなく「甲州」、交配品種もカイノワールではなく「甲斐ノワール」、キヨマイではなく「清舞」と同じ意味合いを深めたものと言えましょう。以下敢えて多数派が占めている「ヤマブドウ」を「山葡萄」として記述することにします。

さて、この日本の山葡萄品種を葡萄栽培とワイン関係の専門家から「ヴィティス・コワニティ」（Vitis Coignetiae）と呼ばれています。ヴィティス（Vitis）は植物学上のラテン語、葡萄属の呼称で、「母なる木」という意味により名付けられました。葡萄は数多い植物のなかにあっても、古代の小アジアやヨーロッパで“母”なる「樹」と呼ばれてきた偉大な存在と認識されてきたのです。

次のコワニティ（Coignetiae）との品種の名付け親は、明治期に来日したフランス人のコワニティ女史が、日本の山野で山葡萄の存在を初めて知って、これを持ち帰った後、フランス当局から評価され“新発見”として、女史の名をとって日本独自の山葡萄品種を「コワニティ」と分類名付けられたという経緯があります。まさに現代ワインは、良し悪しは別として、フランス一統交配の領域にありますことを改めて思い知らされます。

ところで、本書の日本ワインの源流であります“山葡萄”の英訳を調べているうちに、著者にとって大変嬉しい発見がありました。

それは“山葡萄”の英文を三省堂の電子辞書で探っていると「Crimson

Glory Vine」と表示されたのです。つまり「深紅色の天上からの恵みのワイン（葡萄樹）」とあったのです。英語に未熟な著者にとって、山葡萄の英訳が「天上からの恵み」とあったことに望外の喜びを禁じえなかったのです。「Crimson」は濃赤色または深紅色で威厳の象徴であり、「Glory」は栄光の恵み、至福を示し、「Vine」は周知のように葡萄または葡萄酒です。

山葡萄を既述の「コワニティ」か、他書に見受けられます「Wild Grape」の使用かで迷っていたので、何時、誰がこの英文を選定したのかは知るよしはないものの、山の意味が持つ歴史的な背景をそう表現した事実に驚嘆したのでした。２万年以前より野山に繁茂し、たわわに実った深紅色、濃赤色の山葡萄の果実を、人類の全てが共通に、その恩恵に授かってきたことへの至福の恵みに対し感謝の念を抱いたわけです。

ちなみに“葡萄”という漢字の使用は、中国の長い歴史のなかにあっては比較的新しく、イタリアの商人マルコポーロ（1254 ～ 1324年）が元の皇帝フビライを訪ねた頃の1270年以降に使われるようになったのです。古くは漢代（紀元202 ～ 220年）には、“蒲陶”または“蒲桃”と書かれてきました。次いで唐代（618 ～ 907年）には「蒲萄（ぷたう）」と書かれ、“萄”とは酒を入れる器、焼き物で、“蒲（ぷ）”はガマ科の多年草ですが、後述のようにはペルシア語の発音の“プダウ”の「プ」の当て字のようです。

日本における葡萄の字の解釈では葡萄の実（み）を指しますが、中国で蒲陶、蒲萄と書かれた当時の漢字は、酒そのものの意味を指していたのです。こうした経緯により、現代の中国の知識人の間では、“蒲萄”の漢字の使用時期の解釈上、すでに漢代の初めの紀元前250年頃の秦王政から紀元87年の武帝時代には葡萄酒が製造され、飲用されていた、との認識を共有しています。

また漢字の音読み“葡萄”の発音はペルシアの後期（現在のイラン）でのワイン用葡萄の起源とされるペルシアのカフカス地方で、葡萄の意味を指す「プダウ」（budaw）の発音が中国に伝わって、プダウ（葡萄）と呼ばれ、やがて日本で葡萄と呼ばれるようになったとされています。

著者が長々と「山葡萄」と「葡萄」の意味や発音の起源を記述しましたのは、古代の中国をはじめ日本において、野山の山葡萄の実から自然発酵した酒を“薬用酒”として飲み続けてきたという歴史的背景があり、ワインの先輩格にあたる“葡萄酒”の存在が、今日の日本や中国でのワインブームの一要因となっていることを知っていただきたかったのです。

2 山葡萄の複雑な生態系

ひと口に山葡萄と言いましても、日本における植物学上での分類では6品種が基本種とされています。（詳細は第２章山葡萄の品種とその分布に記述）しかし、現実にはオス木とメス木による自然の受精及び人工の交配、さらには鳥類の行動によって基本種から亜種、変種などの誕生により混在しています。

本書の記述の取材に、各地の山葡萄栽培者と栽培のまとめ役の農協の担当者に、栽培地での品種のルーツに関して問い質したところ、明確な回答を得ることが出来なかったのです。その品種のルーツの探求が困難な要因には次の３つがあると考えられます。

（１）鳥類の散蒔（ばらまき）と“輪廻”

日本はもとより、国境を越えての山葡萄の複数の品種の誕生に鳥類が深く関わっています。

北海道、本州など国内の留鳥（注14）のほか、サ

（注14）
留鳥（りゅうちょう）
年間を通して同じ場所に生息し、季節による移動をしない鳥の総称。スズメ、シジュカラ、カワラヒワ、ムクドリなど。

（注15）
ビォデイナミ農法
（仏語Biodynamie
英語Organic）
農薬や化学肥料を一切使わず、太陽や月の動きを考慮しながら土壌が本来備えている力を引き出す自然界との調和を目指す農法。
ロワールのニコラ・ジョリ、ブルゴーニュのマダム・ルロワ・ビーズなど著名なワイン生産者が実践している。
多湿な日本では実現が難しいが、果敢にチャレンジ又は部分的に取り入れる生産者が出てきている。

ハリン、アムール・ウスリー、朝鮮（鬱陵島）と、海外に跨がり飛び交う渡り鳥の中に山葡萄の実の甘味と酸味を好み食す傾向があります。

食した後の糞のなかの種子は、旅の途中や本来の棲息地の周辺に分散して落下し、落下地の気候風土に馴染んで発芽するという、いわば品種の確定が困難な、国籍不明の山葡萄が広がっていることが分かっています。

また、この鳥類の糞についてですが、山葡萄が他の加工用の葡萄と生食用の葡萄と比較して、渋みと酸味が強い理由の１つとして、一説には多量の渋みと酸味の含有成分が、鳥類の胃の中での作用で、軟弱な糞となり、この糞が山野のあちこちに散布、散蒔（ばらまき）しやすいのではないかと考えられているのです。もし、それが科学的に事実としたならば、山と鳥類、大地での３次元の“輪廻”、つまり“生”の循環という、生態学上での神秘と言わざるを得ないのです。

この生態学の自然現象は、栽培の農法でのビオディナミ農法（注15）やバイオダイナミックス農法（注16）を含む延長線上の思想を生む要因の１つでもあると考えられます。また、葡萄が地球上で最も広く分布し、加工用、生食用を含めて多量に収穫されている果実に至った理由に、葡萄自体の“種”の維持、つまりクローン（注17）の拡大生長につながる生命力が、よほどの条件、例えば台風や流水、地震を除いて移動の不可能な“種子”が、空を飛び交う鳥類をある意味で利用しているのです。いずれにせよ、山葡萄の果実が、鳥を媒体として広域な大地に分布し

（注16）
バイオダイナミックス農法
（独語）
Biologisch dynamische Landwirtschaft
人智学のルドルフ・シュタイナーによって提唱された有機農法の一種で、循環型農業である。ドイツやスイスで普及している。
高級ワイン用のブドウ栽培において、現在一種の流行となっている。通常の有機農業と異なり、生産物が有機的であることだけでなく、生産システムそのものが生命体（Onganic）であることが意識される。「理想的な製法はそれ自身で生成した個体である」と云うシュタイナーの思想に基づき外部から肥料を施すことを良しとせず、理想的には農場が生態系として閉鎖系であることを示す。

（注17）
クローン
単一団体から繁殖させた元の個体と同じ形態を持つ次世界の個体がクローン。
葡萄の場合、母木から切った枝を切った枝を次々と挿し木または接木して同一のクローンを増やす。

ている事実には植物と動物と大地での「生命（いのち）」の尊さと神秘さを改めて痛感する事例と言えます。

（2）自然交配

山葡萄の花粉の授精の自然交配により、新たな亜種（注18）が誕生することがあります。

山葡萄にはオス（雄・牡）、メス（雌・牝）が存在します。気流や風の作用によってごく自然に雄しべが、雌しべの柱頭に運ばれ、授精後に、稀には基本種と異なる変則的な亜種として発芽することもあります。

こうした事実を、30年以上山葡萄栽培を続けている匠から著者は聞くことが出来ました。基本種と異なる新種として､従来の品種を1号として2号､3号、また別な匠は、基本種を101号とし、新種を102号、103号と名付け仕分けして分類し栽培、房の形状と糖度の差異を見極め、良質なワイン用に適合した樹を集中的に育種し続けているとのことです。

（3）環境条件による差異

第３に、山葡萄の親株からの子株の穂木を、長期に育種栽培していますと、山間部での同じ圃場の樹であっても、気温、湿度、雨量、圃場での高低差などの僅かな違い、また方位の違いによる太陽光の強弱、つまり光合成の影響によって成育過程で樹に差異が生じます。

この環境条件の差異により、果実の色調、糖度、酸味が変調し、着果の良否に分かれ、栽培者として

（注18）
亜種
生物分類上の一階級、種の下の階級。
種として独立するほど大きくはなれないが、変種とするには相違点の多い一群の生物に用いる。

は、自らの経験と直感によって、次代の良質な穂木を選抜し、その育種に傾注しているとのことでした。

以上の３点が、山葡萄の生態系の複雑さを表しています。鳥類を介した種の保存と、自然環境の条件の違いが、山葡萄の基本種から亜種、変種を生み出し、品種のルーツを探るためには大変困難な要因の一つとなっているわけです。

しかし、近い将来、山葡萄ワインの生産者が“力“をつけ、遺伝子の探求が容易となった暁には、これら既述の諸条件を乗りえ越えて、より優れた穂木を選抜し、優良なワイン造りが可能となるに違いありません。

前編
日本ワイン
再発見

第2章

山葡萄の品種とその分布

既述のように、繰り返しますがひと口に山葡萄と言っても、品種の分類に関して明確な判断が困難なことは、著者の実体験上のことであります。

しかし、将来山葡萄ワインの生産が拡大し、品種の分類と選抜の研究の上で予算上に余裕が出ましたなら、容易に山葡萄の品種のルーツ（DNA）が明確化する日が訪れるものと期待しています。

考えてみますと、アンチ・山葡萄ワインを抱く専門家の人々の思念の根底には、山葡萄のルーツと品種が複雑化しているのに対し、欧米産のワイン用の品種が、長い年月の所産として明解に分類が見極められるという点に軍配をあげているに違いありません。しかし、既述（「はじめに」の5を参照）にように、日本ではたかだか現代ワインとして、百年余にすぎないワインの歴史の世界にあって、山葡萄ワイン造りに多くの研究課題を克服するという目的に加え、自然派ワイン造りに徹し、日本ワインの主流となりうる大きな"夢"のあることこそが最大の魅力であると著者は考えています。

本項では、牧野富太郎（注19）の『原色牧野植物大図鑑』（北隆館刊）と『日本の野生植物』（平凡社刊）の資料を基に、山葡萄の学術上の基本種と亜種等の品種を紹介します。

なお中国での山葡萄に関する事例については、著者による（著者補足）として追記します。

（注19）
牧野富太郎
1862年 ～1959年。植物学者。土佐に生れ独学で植物画を研究。広く植物を採集。1889年から「日本植物志図篇」を出版し、多くの新種を記載。またすぐれた植物図を作成して一般の植物知識の普及に努めた近代日本の植物分類学の確立者。第１回の文化功労者。Makino植物の学名で命名者を示す場合は牧野富太郎を示す。

1 シラガブドウ（Vitis amurensis）

葉の裏面は薄いクモ毛におおわれています。大陸系の一種です。山葡萄並の果実の実は小型で本州の岡山県に産し、朝鮮、中国の東北部、またアムール・ウスリーに分布しています。
（著者補足）
　中国の東北部、現在の吉林省の通化市、遼寧省では30を超えるワイナリーでのワイン生産用原料の主流を占めています。またロシアでもこのシラガブドウを原種に品種改良を行い多数のワインを生産しています。

2 サンカクヅル（Vitis flexuosa Thunb）別名 行者の水

　和名は行者の水。太いつるを切り、直立させせた時に出る水で、山で修行する行者が喉の渇きをいやしたと言います。実際に水が出ます。
　北海道の西南部から本州、四国、九州、沖縄、朝鮮半島、中国の南部に分布します。
（著者補足）中国南部の広西省では“毛葡萄”と呼ばれ、山葡萄ワインの主流となっています。
「亜種」ケサンカクヅル（Vitis Rufo-tomentosa Makino）
　裏面は前面黄褐色のクモ毛におおわれ、この毛は秋まで残ります。
　福井県および近畿地区、本州、四国、九州に産し、西日本に偏り分布しています。
「亜種」スゲサンカクヅル（tsukubana Makino）
　枝と葉裏に薄くクモ毛があります。関東および近畿地方の本州に分布しています。

3 アマヅル（Vitis Sacchar：fera）別名 オトコブドウ

　行者の水と同様に、つるの切り口から甘い汁が出ます。これを煮詰めて甘味料を得たと言います。
　本州の東海地方以西の四国、九州に分布。
「亜種」ヨコグラ（yokogurana Makino）

成葉の裏面に薄く赤褐色のクモ毛があります。高知県越知町横倉山の産。

4 山ブドウ (Vitis coignetiae Pulliat)

和名は山葡萄。葉柄は長く、葉身も大形。実は黒く熟します。

この品種は国内で紀元前より栽培され、世界で最も親しまれています。日本には6種の野生の葡萄があるが、その中で山葡萄の実は直径8～10ミリで、日本産野生葡萄属の代表格。

北海道、本州、四国の山、および南千島、サハリン、アムール・ウスリー、朝鮮半島の鬱陵島に分布します。

「亜種」タケシマヤマブドウ

5 エビヅル (Vitis thunbergii Sieb)

和名の古名「エビカズラ」は、若い葉や茎の色を海老の色に見立て葡萄の名となりました。この種の果汁の色が海老色に似ているからとの説もありますが、海の海老の語源がエビ（葡萄）からきているとも言われています。葉は大形で果実は早熟です。

北海道西南部から本州、九州、朝鮮半島に分布します。

「亜種」シチトウエビヅル

伊豆七島に分布します。

「亜種」リュウキュウガネブ

6 クマガワブドウ (Vitis quinqueangularis)

枝は太く、腺室の硬い小さな刺（とげ）があります。熊本県、鹿児島県の九州南部の産。中国の中部にも分布。

（著者補足）中国大陸の江西省の山間部では“刺葡萄“と呼称され、有機栽培により良質な山葡萄ワインの原料となっています。

前編

日本ワイン
再発見

第3章

山葡萄栽培と
ワイン造り

1 山葡萄の特性

この項はこれまでの記述の内容の一部と重複する点もありますが、一般のワイン用の葡萄の多くが外来種であるのに対し、日本の各地に繁茂している日本山葡萄の特性について、「ヤマブドウ自然食品研究会」の見解が一般に大変理解しやすくまとめていますので紹介します。

「山葡萄は日本列島にのみ存在します。その起源は古くは1万年以前の縄文時代の遺跡から山葡萄の種（たね）が発見されています。

また古事記や日本書紀にも記載されていて、日本人には太古から縁のある果実です。生命力が強く、味にコクがあり、普通品種に比較して、リンゴ酸、酒石酸、クエン酸が数倍含有されていて、日本人のDNAに深く刻みこまれています。

日本語の古語では、山葡萄はエビ色葡萄の色に似ていることから、「エビヅル」または「エビカズラ」と呼称され、主に東北の冷涼地に自生し、地元農家で伝承的に「薬用酒」として、蜂蜜などを加えて大変珍重されてきた歴史的経緯があります。

また、山葡萄の一品種「サンカクヅル」は葉形からの名前の由来で、１人の行者がこの蔓（つる）を切って滴（したた）る樹液で喉を潤したとの伝説から、「行者の水」とも呼ばれてきたのです」。

2 ワインの消費増

少し古い記録ですが、2013年の国内での葡萄の生食用とワイン用を併せた全収穫量は約19万トンで、その約30％にあたる５万８千トンがワイン用葡萄とされています。

しかし、その後に葡萄栽培者の高齢化と後継者不足、少子化などの影響で生食用葡萄を含めた全収穫量は激減しているなか、ワイン用葡萄の収穫量は次のような事情で微増しつつあります。

（1）本書「はじめに」に既述しましたように、原産地呼称の制度化により、ワイン用の国産葡萄が不足し、それを補なうために甲州をはじめ巨峰、スチューベン、ピオーネなど主に生食用の葡萄がワイン用に転化したこと。

（2）やはり「はじめに」で既述しました政府の施策の一つであるワイン特区の各地での認定によってワイナリーが増え、したがってワイン用の葡萄の使用量が急増した。

こうした変化は、ビールや焼酎の消費量が減少し、生産量が右肩下がりのなか、日本ワインの消費量が拡大化しつつあることは大変喜ばしい傾向です。

3 山葡萄栽培の現状

日本山葡萄の栽培総量は、2015年現在約500トンで、この半数以上が岩手県産で280トン、次いで山形県85トン、北海道33トン、長野県29トン、岡山県23トン、青森県18トン、残りが福島、秋田、新潟県などが続いています。

具体的に見ますと主に東日本に集中し、なかでも岩手県は６割近くを占めて作付面積で91.5町歩、このうち八幡平地域を除く４割が本書「はじめに」に既述しました岩手県九戸郡野田村周辺で盛んに山葡萄栽培が行われています。

岩手県では岩手郡葛巻町に30年以前に起業しました第三セクターによる「葛巻高原食品加工」現在の「くずまきワイン」が、山葡萄とその交配種を主力に地元特産のワイン造りに特化し､岩手県下のみではなく、秋田、青森各県からも山葡萄を買い付け、東日本地域での山葡萄栽培とワイン造りに大きく貢献してきた実績があります。

一方、西日本の岡山県では、内陸部の真庭市の「ひるぜんワイン」は第三セクターとして、岡山大学農学部の協力によって、40年以前より山葡萄の基本品種による山葡萄ワイン造りに寄与し、15年前の2003年から日本ワインコンクール、ジャパンワインチャレンジなどのワインコンクールで毎年、金、銀、銅賞や奨励賞を受賞し、他社に先駆けて優良な山葡萄ワインを作出しています。

このほか北海道の函館と十勝地方、青森の十和田、秋田の鹿角、福井の白山、山形と新潟、埼玉の秩父、茨城の常陸、長野の北信、中信などの山間部での中小のワイナリーが山葡萄とその交配種によるワイン造りに努め地方産業の一翼を担っています。

4 交配品種によるワイン造り

近年、わが国での山葡萄との交配品種および改良品種によるワイン造りは各ワイナリーの努力により夥（おびただ）しい数量にのぼっています。

その背景には欧米の葡萄品種が結果として日本国土のテロワールに馴染まず、欧米でのいわゆる国際品種による産出ワインとの品質にいまだにかなりの隔たりがあることが起因しているのです。山葡萄の保有するDNAとの交配及び改良によって、国内での葡萄樹の育種を容易にし、さらには農薬や化学肥料の不使用または低減することによって、有機栽培導入へと転化する狙いが、日本ワインの産出に重点が置かれるようになったためとみられます。つまり山葡萄の生命力の“力”を借りて有機栽培を可能にすることに加え、マンネリ化した従来のワイン造りから脱却し、新たな葡萄品種によって活性化を図るという試みが進み、今後は各ワイナリーの独自の個性的なワイン造りが活発化するものと思われます。

これまで農水省に登録された交配種及び改良種を紹介します。

日本ワイナリー協会認定のワイン用葡萄の交配品種及び改良品種は次の通りです。

・赤ワイン用

「マスカット・ベリーＡ」「ブラック・クイーン」「甲斐ノワール」「清見」「ヤマ・ソーヴィニオン」「サントリー・ノワール」

・白ワイン用

「リースリング・リオン」「リースリング・フォルテ」「信濃リースリング」「甲斐ブラン」

次に著者が顧問を務める日本葡萄愛好会の交配品種及び改良品種は次の通りです。

・赤ワイン用

「小公子」「ヒマラヤ」「ブラック・ペガール」「国豊３号」

・白ワイン用

「ホワイト・ペガール」

・主にロゼ用

「澤登ワイングランド」

山梨県笛吹市の志村葡萄研究所が作出した主な交配品種は次の通りです。

・赤ワイン用

「富士の雫」「志太乃輝」

・白ワイン用

「浅間」

なお岩手県に登録された岩手県産の山葡萄として、「涼実紫１号」があります。

5 市場での山葡萄100％ワインの立ち位置

山葡萄の全国の総収穫量は2015年現在約500トン余で、仮にこの全量をワインに仕立て上げたとしても、他の葡萄と比較して山葡萄の搾汁率は低く、果汁を350トンとみてもボトルで約50万本、約４万ケースとなります。しかし、山葡萄はジュース、ジャム、葡萄酢など地域での加工用に広く使用されていて、実際の山葡萄100％のワイン生産量280トンはボトルで約38万本、約31,000ケース余とみられています。

このボリュームは日本ワインの総生産量の約1％で、他の品種のワイン、セイベルと肩を並べ、ヤマ・ソーヴィニオンに迫っている段階です。

今後の見通しとしては山葡萄ワインが日本ワインの源流、つまり本流であるとの再認識により価値が見直され、ワイン消費の拡大にともなって山葡萄の栽培意欲が高まり、総体的に山葡萄ワインの増量へとつながるわけですが、それには最重要の課題として品質のレベルアップがあげられます。

品質の向上（下記6）によって、外来種によるワインとの差別化を図ることこそが重要で、目先の目標として現在の日本ワインの総生産量の１％強から２％、それは外来種白のケルナー、赤のツヴァイゲルトレーベを超え、巨峰並の3％台に追いつくことが望まれます。

ちなみに国内での赤ワイン、カベルネ・ソーヴィニヨンが500トン余の２％台です。

6 栽培技術の向上

近年、山葡萄栽培の技術の向上は著しく、従来の完熟期の糖度16～18度から、地域によっては20～25度にまで高まり（詳細は後編第17章 葡萄栽培の達人に記述）、ワイン醸造の進化に大きく寄与しています。

また、山葡萄ワイン生産の各ワイナリーが、樽熟成に特化していることもワインの品質に広がりをみせ、ワイン愛好者の拡大への裾を伸ばしています。

前編

日本ワイン再発見

第4章

山葡萄の人体への効用

1 ワインの有効成分

表１は一般的な生食用の葡萄とワインの人体に有益な含有成分の数値です。（著者の『ワインの力』（注10）に詳しく記述）

表１ ワインの一般的含有成分（100g 中）

	エネルギー	タンパク質	ナトリウム	カリウム	カルシウム	マグネシウム
赤ワイン	73cal	0.2g	2mg	100mg	8mg	7mg
白ワイン	73cal	0.1g	3mg	60mg	7mg	8mg
ロゼ	77cal	0.1g	4mg	60mg	10mg	7mg
生葡萄	56cal	0.5g	1mg	130mg	6mg	6mg
生リンゴ	54cal	0.2g	-	110mg	3mg	3mg

出典：濱野吉秀『ワインの力』飛鳥新社、2010年

ワインが人体にいかに有益な成分を含有しているかが良く理解できます。

また過去にリンゴが体に有益で“医者いらず”と言われてきた果実でありますが、生食用の葡萄も優れていることが分かります。さらに、ワインは嗜好品のアルコールであるにもかかわらず、他のアルコール類とは異なり、人体に欠かせない有益な〝カリウム〟の含有が多く、特に赤ワインが白ワインやロゼより多いことが特徴と言えます。

次にワインの有効成分の人体への影響を紹介します。

①ナトリウムは人の神経及び筋肉繊維に重要な作用を与えます。

②カリウムは神経細胞の正常な機能､特に自律運動の維持に役立ちます。

③カルシウムは一般的によく知られていますように、骨組織に吸収されて骨格を発育させ、人体の重要な支持組織を維持します。

④マグネシウムは脳細胞と脊髄と骨組織に存在します。糖分を還元して筋肉の収縮運動に関係し、生体防御に一役買っています。

2 山葡萄特有の有効成分
―ポリフェノールが８倍―

次に紹介します山葡萄の有効成分の研究分析は、岩手県久慈市による

もので、県北広域振興局の県指定の山葡萄〝涼実紫〟を対象にしたものです。比較成分は一般的な葡萄の平均数値で、分かりやすく大まかに記述しています。

①ビタミン成分

ビタミンB6 3倍　ビタミンＥ10倍　ビタミンB1（カロチン）10倍　ビタミンＣ４倍

②ミネラル分

食物繊維6倍　カリウム３倍　鉄分３倍　リンゴ酸５倍

③ポリフェノール

８倍　果実が熟するほど多量に含有する

この山葡萄特有の多量の含有成分は「抗酸化作用」「動脈硬化」「脳梗塞」などに有効な予防作用に役立ちます。また、これらの有益な含有成分は、ワインに仕立てることによって、アルコールの作用により、人体の各部位に早期に伝達、吸収されることが分かっています。

（注10）
ワインの力
濱野吉秀の著書。2010年4月に飛鳥新社より刊行。サブタイトル「ポリフェノール・延命力の秘密」、主に赤ワインの医学的効能を記述。1日2杯の赤ワインの飲用で認知症予防が注目される。動脈硬化を防ぐ、血流を良くする、脳機能を改善する、脂肪の吸収を抑える、など国際的な医学面での研究を紹介。
この著作で第16回のグルマン世界料理本大賞の健康飲料部門で世界４位を受賞した。

3 山葡萄の抗酸化効用の研究 ―悪症を抑制―

この研究は、県内が山葡萄栽培日本一の岩手県の岩手大学農学部食品技術部と、岩手県林業技術センター特用林産部との共同研究によるもので、山葡萄による抗酸化効用に関する貴重な研究成果の論文です。（主題は「ラジカル消去活性の測定法とヤマブドウ抗酸化性に関する研究」）一般には難解な論文内容ですので、その概要を分かりやすく記述します。

「体内で発生する様々な酸化ストレスが生活習慣病

の発症に関わっていますが、一般的に赤ワインが含有するポリフェノールは、特にその発症を低減する効能があるとされています。

今回の研究の岩手県指定の山葡萄“涼実紫”による純正搾原液が高いラジカル消去活性を有している事実が得られました。具体的には次の通りです。

（１）他の葡萄や市販のワインとの比較で圧倒的にポリフェノールが多量に検出された。

（２）糖化タンパク質の生産を抑制する効能があった。

この研究成果によって、通常の葡萄や一般の赤ワインより、山葡萄が体内の悪症を抑制する効能のあることが立証されたと言えます。

4 山葡萄の抗炎症、抗アレルギーの研究 —マウスのがん抑制—

この項の研究は、優れた山葡萄のワインを造り出している岡山県真庭市の、ひるぜんワインのお膝元、岡山大学の有元佐賀恵准教授の「ヤマブドウ果実の抗炎症・抗アレルギー等の活性と活性成分研究」によるものです。研究結果の概要は次の3点です。

（１）総ポリフェノールの含有について

A　山葡萄果汁

B　山葡萄・ビネガー(山葡萄で造った酢)

C　マスカット・ベリーA

D　葡萄コンコルド

A、B、C、Dのそれぞれの総ポリフェノールの含有量を調べて比較したところ、Aの山葡萄果汁の含有が最多量でした。

（２）山葡萄果汁とビネガー成分のフリーラジカル消去活性が、通常の葡萄果汁と比較しても含有の数値が高かった。

（３）「皮膚がん」２段階のマウスに、あらかじめ山葡萄果汁を塗っておいたところ、塗らなかったマウスの「皮膚」と比較して「がん腫瘍」の発生数と発生率が共に低かった。

以上の、これまでの日本山葡萄の人体への有効成分の多量の検出結果によって、今後、山葡萄を原料とした良質なワインが作出された場合、次項に記述します欧米やチリのワインのカベルネ・ソーヴィニヨン、ネッビオーロ、さらにはサンジョヴェーゼ、シラーなどのワインに優る高ポリフェノールのワイン造りが可能となるに違いありません。

もちろん、ワインは一般の食品や飲料と異なり、あくまでも嗜好飲料であり､味わいが第一であって、有効成分うんぬんは二の次です。けれど味わいが良く人体への有効成分が豊富であったなら、消費者にとって一石二鳥のアルコール飲料であることは間違いありません。

5 世界のワイン別の有効成分
―過去の日本ワイン、長寿に不向き―

本項での〝世界のワインの銘柄別による有効成分の含有比較表〟は､既述の2010年著者の『ワインの力』に記述した中の一部を紹介するものです。

日研フードと日本老化制御研究所（当時）による1995年～ 1996年の少し古い分析調査です。人体に効用があるポリフェノールと、体内の酸化、つまり体のサビと言われる活性酸素を消去する物質が、ワイン別にどの程度含有しているかの分析は、ワイン研究者をはじめワイン愛好者にとって大変貴重で興味ある結果なのです。

（注21）
活性酸素消去能
体内で酸素を利用し代謝し行なわれる過程で活性酸素は自然に発生する酸素を吸えば必ずできるものです。さまざまな老化現象を起こすとして有名ですが身体を守る働きも持っていている。
赤ワインに含まれるポリフェノールには、強力な抗酸化作用があることで活性酸素を除去する作用がある。

この研究の主題は「ポリフェノール及び活性酸素消去能（注21）で世界の銘柄別ワインの含有成分比較表」です。

なお、表２の分析対象はワイン生産10カ国、36銘柄ですが、分析当時は葡萄品種としてフランスのカベルネ・ソーヴィニヨンとイタリアのバローロのワインの全盛時代で、次いでメルロー、シラーと続いていますが、分析結果ではピノ・ノワール、ガメイによるワインのポリフェノールの含有量が少ないことが分かっています。

著者としましては、この分析対象にイタリアのサンジョヴェーゼが加わっていたなら、最高の数値を示したことが予想され、大変残念な思いです。

また日本のワインについては、メルシャンのカベルネ以外に、長野のメルローなど7銘柄が分析対象になっていましたが、いずれも分析結果の数値が圧倒的に少ないことが分かり、テロワールの違いがあるとは言え、日本での欧州系葡萄による過去の日本産ワインが、長寿ワイン造りに向かないことがよく理解出来ることの一事例です。

表２ 世界の銘柄別ワイン含有成分比較表

順位	銘 柄	年 代	品 種	生産国	ポリフェノール（PPM）	活性酸素消去能（U/ml）
1	マーカム・カベルネ	1983	カベルネ・ソービィニヨン	アメリカ	1,200	2,750
2	バローロ	1982	ネッビオーロ	イタリア	1,150	2,800
3	チリ・カベルネ	1987	カベルネ・ソービィニヨン	チリ	1,100	2,850
7	ディサン	1988	カベルネ・ソービィニヨン	フランス	900	2,750
9	ポンテカネ	1990	カベルネ・ソービィニヨン	フランス	900	2,900
11	バローロ・リゼルバ	1985	ネッビオーロ	イタリア	900	2,400
17	メルシャン	1989	カベルネ・ソービィニヨン	日本	800	2,100

出典：濱野吉秀『ワインの力』飛鳥新社、2010年

前編

日本ワイン
再発見

第5章

顔の見えるワイン、見えないワイン

1 顔の見えるワイン
―民謡とクラシックの比較論―

“顔の見えるワイン”は、ややもすれば地域での小規模なワイナリーのワインであると受け止められがちです。

確かに、ある面ではそうした見方があっても間違いではありません。地元のワイナリーのオーナーや醸造責任者から造られた「おらがまちのワイン」、つまりは本書の「はじめに」にも触れた、ワイン造りの“匠”や、葡萄栽培の“達人”などの“顔の見えるワイン”に対し、“顔の見えないワイン”が、多少安価で優れたワインであったとしても、おらがワインに親近感、安心感、敬愛、尊敬などのいずれかの思いを含めて買い求め、造り手の存在を支えてきたに違いありません。例えると、先頃社会問題となった東京の築地と豊洲の魚市場問題と同様に、消費者の安心感が安全性につながり一般に支持されているわけです。

しかし、その一方で“顔の見えるワイン”は、主に地域向けの消費で、グローバル化に欠け、地産地消の「土産物ワイン」と酷評する向きがあります。なかでも、現在のところ、地産地消の山葡萄ワインは地域の“民謡的”な存在であり、欧州系国際品種によるワインのような“クラシック音楽的”な国際性には遠く及ばない、というのが、残念ながら既述のように、日本を代表するワイン評論家らの持論でもあり、多くのソムリエがそう解釈しているのです。

だが、果たしてそうでしょうか―。

都会の高級スーパーや自然食品店、地方の「道の駅」などの店頭には、“顔の見える食品”の卵、野菜、お茶、穀類など生産者のこだわりの数多くの食品が日常茶飯事に陳列され販売されている事実は、多くの消費者が承知しているところです。そうした“顔の見える”食料品が、一般的に国際性に欠けると思う人はいないでしょう。消費者の健康志向は、今や大規模なスーパーや食料品店、コンビニでの“顔の見えない食品”より購買意欲が高まりつつあるのです。

イタリアの「帰れソレントへ」「オー・ソレ・ミオ」は、遠い昔には村民が口ずさみ、一民謡にすぎなかったようです。それが時を経て世界の音楽ファンの誰もが知る世界の歌曲となったのです。もちろん、ワインが一般の食品規格の均一性とは異なる規格で生産され、嗜好性飲料としての特異性のあることは十分に承知しており、したがって同一の評価の範疇(はんちゅう)として考えにくい面もあります。ただ過去も現在も、大手のワイナリーが"顔の見えないワイン"を、経営維持のためとはいえ、その知名度を利用し、海外の原料を元に超低価格のワインを販売し続け、消費者を惑わしてきたであろう行為は、改めて見直す時期がきたのではないかと考えます。

2 顔の見えないワイン —ワイン造り元年—

前項の"顔の見えるワイン"に対する"顔の見えないワイン"の議論に、ワイン愛好者からは「何を言うのか、地域性の強いワインより、マイナーで知名度のある生産者のワインこそ安心して飲むことが出来るよ」との見方もあるでしょう。だが本当にそうでしょうか—。いささか疑問です。

18年以上前に、山梨県勝沼のある意味では日本を代表するワイナリーの代表に、著者が、「欧州を代表する多くのワインは、飲まなくてもボトルのラベルである程度は"味"が分かるが、日本のワインは飲まない限りは、その"味"の評価は出来ない」と述べますと、「ラベルで"味"が分かることは素晴らしいことだ。日本のワインはまだまだです」とのことで、その控えめな言葉のなかに欧州ワインへの"羨望"と受け止めたのでした。

60年を超えてワインを飲み続けてきた著者は、イタリアやフランスの代表的なワインは、ラベルを見ただけである程度は舌や喉にこみ上げる香味によって、そのワインの味わいを自然に感じとることができます。

では、この著者の"顔の見えないワイン"への関心と分別は、"顔の見えるワイン"を応援する主張と矛盾しているのではないか、と思われるでしょうが、そうではないのです。

日本国内での何次かのワインブームもあってか、今日20数カ国を超えるワイン生産国から商社、ブローカー、大手ワイン会社等が輸入した大量のワインが店頭を賑わせています。この大量のボトルワインの中味は､ボトルのラベルを見ての良否の判別は大変困難な状況下にあります。

つい40年前までは、国内でのワイン愛好者の少ないなかにあって、商社や老舗の食品店、百貨店などのワイン担当者は、大変シビアな視点で選別した輸入ワインを販売してきたものでした。そのシビアな目は、フランス、イタリア等欧州のワイン輸入の選択肢として、主に100年、200年の歴史を超える名門や老舗のワイナリーのしっかりしたワインに絞り込みワイン愛好者につなげるという無言の慣習があって、ラベルを見ただけでも信頼できるものでした。著者もその愛好者の一人でした。つまり、売り手と買い手とが信頼感、安心感でうまく醸成されていたわけです。

けれど今はどうでしょうか―。儲け主義が先行し、大量に輸入されたワインのあまりにも裾の広がった銘柄に、消費者はその選別に戸惑い、大小のレストランやワインショップで専門職の力を借りての愛飲、購入という図式が展開されています。

とはいえ、ラベルによって“顔の見えるワイン”に至るまでには、長い歳月を経て、初めて愛好者の品質と好みによる信頼感が醸成されるのであって、ワイナリーの揺るぎない努力があっての賜であることは当然です。ひるがえって、国内を直視しますと、現代ワインに挑戦して、たかだか戦後の5、60年のワイン造りの時間の経緯のなかで“顔の見えないワイン”をラベルを見ただけでその品質をうんぬんできるという自信のあるワイナリーは、残念ながら５本の指に数えられるかどうかの疑問を感じているのが、独断と偏見による著者の見方です。

ことに国内での大手と言われるワイナリーの大半が、ビールやウイスキーのいわばアルコール飲料のライバル製品の大手企業の傘下にあって、採算重視の視点から、定年制や予期せぬ人事異動などワインの醸造関係者、葡萄の栽培担当者らは流動的な立場にあり、ワイン造りの一貫した思念を維持遂行できるか否かが不透明な条件下にあるようです。

総合的に判断した場合、国内でのワイン造りの風潮は品質の点、歴史的視点からも“顔の見えるワイン”と“顔の見えないワイン”との比較に大差ないというのが結論です。つまりは、中小のワイナリーの山葡萄ワイン造りの「民謡的存在」「土産物としてのワイン」と、欧州系葡萄品種のワインを“良し”とする大中のワイナリーの「国際化」「クラシック音楽的存在」になんら差はないということです。

日本でのワイン造りは、現実的必然性である“自然派ワイン”の伸長を含めて、今日現在が本格的なワイン造りのスタートであり、「ワイン造り元年」であると著者は考えています。つまり、ワインは評論家Hらの山葡萄ワインが「民謡」であるとしたなら、現在の日本ワインの全てが「民謡的ワイン」であって、「クラシックワイン」に至るまでには、50年か100年後に日本と世界のワイン愛好者が決めることではないかと考えています。

3 ラベルは語る ―その価値―

20年前の1999年、田中清高と永尾敬子共著による『ラベルは語るワイン物語』(時事通信社刊)は、一見“顔の見えないワイン”と思われがちです。しかし、著書に掲げたいずれのワイナリーのラベルも老舗ないしは名門の“顔”であり、20年以前にもかかわらず2018年現在、全て“顔”の変わらない立派なワインとして存在しています。

田中清高の本業は医者ですがフランスワインの“通人”として、当時、日本ソムリエ協会のワインアドバイザーであり、また永尾敬子は日本航空のキャビン・ソムリエ・コーディネーターで、ソムリエ協会のシニア・ソムリエでもありました。紹介されているワインのラベルは「48枚」ですが、フランスワインが圧倒的に多く「33枚」、そしてアメリカとオーストラリア、ポルトガルが各「３枚」で、なぜかイタリア、ドイツ、スペインは各「２枚」、またハンガリー、ニュージーランド、日本が各「1

枚」となっています。

筆者としましては、ニューワールド（新興ワイン生産国）のアメリカとオーストラリアよりも、伝統的なワイン先進国のイタリアやスペインのラベルが、もう少し多くてもよいと違和感を感じますが、まあ、好みの違いもあり黙認するほかありません。肝心なことは、著者流に言いますと、このワイナリーのラベルは、より深くワイナリーのワインの品質と歴史を物語っていて、“顔の見えない”分を十分に物語り、補い“見える顔”になっているという事実です。

48のワインの銘柄は全て名門か老舗のワイナリーで、実物大のカラー写真にまとめたもので、驚きは既述のように2018年の今日、いずれのワイナリーも立派に存在し、高品質のワインを送り出していることにあります。

前項で論じたように「顔の見えるワイン」「顔の見えないワイン」の、いずれも歳月をかけ努力し、優良なワイン造りを継承することによって、「ラベル」がその品質の高さと背景にある歴史的意義を語り続けていることを物語る貴重な著書と云えます。

日本ワインも、そうした日が訪れることを今から祈って止みません。

前編

日本ワイン再発見

第6章

ワイン特区と東京五輪

1 ワイナリー増とワインの普及

日本国内の2016年3月現在の認可ワイナリーの数は260、うち稼働数は250です。

この数は2003年末が145でしたから13年を経て約２倍近くに増えたわけで、稼働ワイナリー数は年毎に10ワイナリーが増えた勘定です。

この近年の増大傾向から、2020年の東京オリンピック、パラリンピック開催年までの稼働ワイナリー数が300を超えるのは確実視されています。

ワイナリー数がこのように増大する背景にはもちろん、ワイン飲用が広がりの裏付けとなっているわけですが、そのワインの飲用の広がりは具体的にどのような要因があるのでしょうか—。その要因を改めて探ってみましょう。

広がりの要因として次の６点があげられます。

（1）健康志向

ワインは葡萄果実によるアルカリ性飲料で、他のアルコール飲料、ビール、日本酒、焼酎等に比較して人体にやさしく、ことに赤ワインの含有するポリフェノールなど有効成分が高く評価されています。

（2）女性に人気

女性の社会進出の伸長にともない、女性のワイン愛好者が増え続けています。特にロゼワインやスパークリングが好まれています。

（3）イタリア料理の普及

過去に国内のフランス料理が一世を風靡した時期があったものの、割高で堅苦しいマナーによって下火となった経緯があります。

一方、イタリア料理はパスタ、ピザ等のカジュアルなメニューで店舗数が拡大し、ワインとのマリアージュにより消費が伸長しました。

（4）ワインの多様性

ワインは赤、白、ロゼの他スパークリング、また世界20数カ国に幅広い銘柄があり、価格も1本当たり千円台から数十万円と多様性を持つ飲料としてあらゆる年代に消費される傾向があります。

（5）海外での体験

日本人の海外旅行の機会が多くなり、海外でも特に欧州での訪問先でワインの飲用の体験が多く、ワインに馴染むきっかけとなりました。

（6）スタイルの良さ

ハイカラなレストラン等でのワイン飲用のかっこよさと、ワイングラスの多様な美しさ等、他のアルコール飲料よりスタイルの良さがファンを広げています。

これらに記述した幾つかの要因が重なり合い、今日のワイン飲用の普及を早めたといえます。

2 ワイン特区とは

特区には各種の事業体がありますが、正式には政府の構造改革特別区の略式名で、対象は市町村単位となっています。

この政府の施策は、安倍内閣が掲げる政治政策の目玉商品の一つであり、地方創生推進の一貫として事務局は首相官邸内に置かれ、“規制緩和“の一つです。大きな目的は産業の国際力の強化及び国際的な経済活動拠点の形成にあるとされています。

このうち「ワイン特区」の目的と従来の財務省の管理下における法律上の規制緩和は次の通りです。

「目的」

果実を原料とした果実酒の製造免許に関わる最低量要件を緩和し、地域の緩和を図る。

「規制の緩和」

正規の法律内の最低生産量としての最小醸造量は、初年度6000リットル、ボトルで約8000本でしたが、構造改革特別区、いわゆる「ワイン特区」の対象市町村内では、前記の3分の1、約2800本で仮免許から本免許がおりることになっています。

この規制緩和によって原料は品種にもよりますが、これまでの最低量約６トンから僅か約2トンで醸造の仮免許がおりることになったわけです。

過去､ワイン（果実酒の括（くく）りによりリンゴ酒のシードルを含む）醸造のための製造免許は旧大蔵省の管理下にあって明治以降厳しく制限されてきました。県別では山梨の60者（個人の免許取得者があるため)、長野、北海道等を含めた90者でした。近年に至っては山梨の71者、長野の28者、北海道の26者でしたが、この規制緩和によって一挙に300者近くに拡大することになったわけです。

地方創生という大目標と共に国の“税収入増“にもつながるわけで、日本のワインと、シードルの生産を志す人にとっては、大きな弾みとなったことには間違いないでしょう。

③ ワイン特区名

これまでにワイン特区の対象になり、活動している特区の事例は次の通りです。

「北海道」　北余市　ニセコ
「岩手県」　花巻クラフトワイン・シードル特区
「山形県」　上山市　南陽市
「福島県」　二本松東和特区
「埼玉県」　入間市（有機の里小川ワイン特区）
「長野県」　日本アルプスワインバレー　千曲川ワインバレー

天竜川ワインバレー　桔梗ヶ原ワインバレー
「福岡県」　北九州市若松地区　響灘地区　など

4 小規模ワイナリーの誕生

さてこの3、4年、前項のワイン特区を含めて起業したワイナリーの多くは4、5社を除きいずれも自社畑を持たず原料葡萄の手当を建前としています。

なかでも東京・練馬の東京ワイナリー、深川の深川ワイナリー、横浜では海岸縁（へり）に誕生した横浜ワイナリーの起業は、従来のワイナリーの設立の感覚とは異なる立地条件で、ワイン愛好家を驚かせるニュースでした。

しかし、立地条件とその規模から、前項第5章の“顔の見えるワイン”として注目されることうけあいですが、良質なワインが生まれるか否かは未知数であり、目が離せないワイナリーと言えましょう。

このようなニューフェイスの息吹は、国内の既存のワイナリーのなかで“ノホホン”と構え、良質なワイン造りへの挑戦を怠ってきたワイナリーにとっては大きな刺激となり、互いに切磋琢磨して良質なワインを造り出し、ワイン愛好者の期待に応えるという観点からは一石二鳥の効果が期待ができ、大いに歓迎されるものと筆者は考えています。

5 東京五輪を迎えて

前述のように、規制緩和による地方創生のワイン特区の誕生には、その前提の一つに2020年の東京オリンピック、パラリンピックの開催を見据えての熱い思いが秘められていると考えられます。

そのオリンピックとパラリンピックに選手団を派遣する国のうち、国際政治と経済に何らかの形で世界に影響を与えるG20（注22）20カ国の中の13カ国が、ワイン生産の先進国とワイン生産の新興国、いわゆるニューワールドとを合わせた国々なのです。

そして、この13カ国の多くは、ワインの生産大国であると同時に、ワインの一大消費国でもあるのです。つまり、ワインに関心のある国々からの選手団をはじめ自国の選手応援と観光を兼ねて来日する外国人が、日本各地を巡る可能性の多いなか、供応するワインが輸入品のみでは“様”にならないことは当然です。

ことに和食がユネスコ無形文化遺産に登録され、和食が世界各地で受けている今日、日本料理と日本ワインとのマリアージュは大きな魅力となります。そうした意味において、前項の既存のワイナリーとニューフェイスのワイナリーのワインが前向きに融合し、来日する海外の人々に日本ワインを供応し味わってもらう絶好の機会がこの東京オリンピックでありパラリンピックであります。

ことに日本のワインのなかでも、日本古来から日本の各地に自生してきた伝承の山葡萄ワインについては、品質の向上と生産の拡大によって、一人でも多くの外国人に飲用する場を設け、純粋の日本ワイン独自の良さを知ってもらうことが大事ではないかと考えます。

（注22）
G7のアメリカ、イギリス、ドイツ、日本、イタリア、フランス、EUの７ヶ国のほか、ロシア、インド、ブラジル、メキシコ、南アフリカ、オーストラリア、インドネシア、サウジアラビア、トルコ、アルゼンチン、の13ヶ国を加えた20ヶ国がG20。

前編

日本ワイン
再発見

第7章

中国の山葡萄ワインの現状

1 山葡萄3主要品種で18万トン

中国政府は20年前から国策事業の一つとして野生の山葡萄を「野生資源の活用」と位置付け、山葡萄の人工栽培と山葡萄を原料にしたワイン造りを奨励してきました。

その中心的存在として全中国の各省内の農業大学の専門家からなる「中国国家山葡萄開発専門家会議」が定期的に各地の農業大学内での持ち回りで開催され、同会議で検討、指導的役割を果たしてきました。

参加大学は北京の中国農業大学をはじめとして山東農業大学、四川農業大学、また筆者が21年間関与しているアジア唯一のワイン醸造大学である西北農林科技大学葡萄酒学院等が山葡萄栽培地での実施指導とワイン造りに重要な役割を担ってきました。

近年こうした努力が実り、全中国での山葡萄の収穫量は18万台トンとなり、その50％が一般的なスティルワイン（注23）、残りの50％は東北の黒竜江省、吉林省、遼寧省でのアイスワインの生産の原料になっています。

中国での官民挙げての山葡萄によるワイン生産の進展に関し、中国国家山葡萄開発専門家会議の幹事を務めている中国山東省の涂正順青島大学生命学院副教授の著書『中国山葡萄とワイン生産の研究概要』に次のように記述されていますので、その一節を紹介します。

（1）品種

世界で山葡萄に属する野生品種は70余りあるが、このうち中国には40種存在し、野生資源としての

（注23）
スティルワイン
発砲性のスパークリングワインに対し、非発泡性のワイン。一般に「ワイン」と言うと普通これを指す。スティルとは「動かない」「静かな」の意味。

開発潜在能力がある基本主要品種は次の３品種があげられる。

A　山葡萄　Vitis amurensis rupr

B　刺葡萄　Vitis davidii

C　毛葡萄　Vitis pentagona

（２）分布（＊は著者濱野の加筆）

A　山葡萄

（＊アイスワインの生産地として世界最大の地域、また一般のスティルワイン生産のワイナリーは30社を超える吉林省長白山山麓が一大拠点）

代表的なワイナリー

「通化白山ワイナリー」「通化華龍ワイナリー」「通化東特ワイナリー」

B　刺葡萄

（＊中国南部の各省、自治区に分布）

湖南省、江西省、福建省

代表的なワイナリー

湖南省長沙市「曙光山城ワイナリー」「懐化桐木ワイナリー」

湖南省　　澧（れい）県「神園ワイナリー」等

江西省「君子谷ワイナリー」

品種の地域呼称として

湖南省「紫秋」「湘釀１号」

江西省「贛（かん）州市君子谷ワイナリーの君子谷１号」江西省景徳鎮「奥泰ワイナリーの高山1号」

C　毛葡萄

（＊広西省が主要産地）

代表的なワイナリー

「密洛陀ワイナリー」「羅城ワイナリー」

「品種の地域呼称」「桂葡１号」

2 アムレンシシスが基本

前項1の（１）での記述で注目されることは、中国の山葡萄の主要品種がアムレンシス（amurensis）と規定されていることです。

江西省　山葡萄「刺葡萄」

日本での分類ではヴィティス・コワニティ（coignetiae）が主要品種と規定されていて、アムレンシスはシラガ葡萄系に属しているのではないかとみられます。

中国でアムレンシスを山葡萄の基本種として分類している理由は、中国国土のテロワールによるものではないかと筆者は推測しています。

中国産ワインを並べる中華レストラン

その理由としては、中国でのアムレンシスは、ロシアと中国最北部の黒竜江省との国境を流れるアムール川流域から隣接の黒竜江省、吉林省、遼寧省の東北３省を起点に隣接の河北省、内モンゴル自治区など中国全土の40％近くを占める広範囲に分布していることによるものとみられます。

広西省　山葡萄「毛葡萄」

このような中国での寒冷地に生息するアムレンシスの分布範囲から、日本にあっても北海道から東北北部まで、このアムレンシスまたはその亜流が広がったのではないかと考えられます。

この北方の山葡萄アムレンシスとは対照的に、中国のやや中央部とベトナム寄りの南部地方での、中央部が刺葡萄、南部地域では毛葡萄によるワイン生産はかなり古く（一説では700年以前）から行われてきたとみられています。

3 自然派ワインの台頭

欧州系葡萄の栽培によるワイン醸造の盛んな山東省、河北省、甘粛省とは別に、既述の中国国家山葡萄開発専門家会議のゲストとして、著者は何度か刺葡萄及び毛葡萄の栽培地とワイナリーを視察しましたが、途中、中国料理と山葡萄ワインとのマリアージュが一般的に好まれ、山葡萄ワインの生産が拡大していることに大変驚かされたのです。

なかでも広西省では、毛葡萄の栽培の進化とともに二期作が行われるようになり、農家の収入増に貢献していると現地のワイナリーのオーナーが話していました。

また３年前、江西省の君子谷ワイナリーでの世界11カ国の代表からなる国際ワイン会議での晩餐会で、乾杯した君子谷のワインを飲んで、欧米各国の代表が驚嘆した光景を著者は今も忘れることは出来ません。

そのワインは典型的な“自然派ワイン”で、いくら飲んでも飲み足りないような心地良いワインでした。

中国では今や各地で自然派ワインが台頭し、各地で進化したワイン造りが行われている現実を日本人のいわゆるワインのエキスパートたちが見過ごしているのを著者は残念な思いでみつめているのです。

4 日中の共同研究の必要性

前項の既述のように、中国での山葡萄の収穫量は18万トンに達し、全国の各省下での地場産業の基軸となっています。

著者の『ワインの鬼』の第10章「未完の中国ワイン」のなかでの“進

む山葡萄系ワインの生産”の記述のように吉林省長白山の通化市を中心に30社余のワイナリーが集中して一大産業化しているのです。

また中国の山葡萄品種のなかでの刺葡萄は、著者は日本での分類上での品種で、九州南部と中国地方の中部に分布している「クマガワ葡萄」に近い品種ではないかと考えています。さらに、中国の毛葡萄は日本での本州、四国、九州地方に分布しているの葡萄の葉裏にあるクモ毛の長い「ケサンカヅル」及び「アマヅル」に類似していることにより、同品種またはその基種に近い品種ではないかと推測しています。

以上のように、中国と日本の山葡萄の品種については学術的にも類似している点が多く、本来なら既述の中国国家山葡萄開発専門家会議と、日本での山葡萄栽培者とそのワイナリー、そしてワイン研究者との共同研究が行われたなら、両国の山葡萄栽培とワイン造りに多くの利点が得られたものと考えます。

将来的には、第一段階として、まず両国のワイナリー関係者間で交流を深め、次代への進化した山葡萄品種の開発を進めることが、両国の山葡萄ワイン造りの発展への未来思考となるのではないかと信じているのですが—。

前編
日本ワイン
再発見

第8章
自然派ワインと自然農法

近年、国内外において、ワイン生産では有機ワイン（注24）とビオワイン（注７）、農作物の栽培では有機農法（注25）、ビオディナミ農法（注15）、さらにはバイオダイナミックス農法（注16）と、それぞれがその必要性と推進が叫（さけ）ばれ、注目されています。

いずれも究極的にはワイン生産においては、ごく自然の条件下で栽培した葡萄によって良質なワインを完成させせることを目指したワインが「自然派ワイン」と言えます。

また農作物においては究極的には対象の農作物をごく自然の環境条件下で栽培することが「自然農法」であると著者は考えています。

そうした自然派ワインの呼称に著者が落ち着いた理由には、前述のワインに関しての“有機ワイン”“ビオワイン”の定義について、研究者の間で定義の条件に様々な主張があり、国内外での定義が将来明確に確定するまでは、有機栽培の葡萄によるワイン醸造にあってはできるかぎり添加物を使用せずに、ごく自然に生産されたワインを“自然派ワイン”と呼称するに至ったわけです。

さて、これも著者の大雑把な見解でありますが、現在人類の健康体を維持するための“自然農法”の必要性から、自然派農業を推進する派と、人類の生存上の理由（量産とコスト減）から農薬使用を必要悪として自然農法の懐疑派ないしは無関心派とに分かれています。

もちろん、著者としましては、国内での山葡萄ワインの生産拡大を応援する一人として、その最大の

（注24）
有機ワイン
（Organic Wine）
栽培から醸造に至るまで化学物質に頼らず、テロワールや葡萄本来のポテンシャルを最大限に引き出すことを目指して造られたワイン。

（注７）
ビオワイン＆自然派ワイン
（仏語Vin Natunel 英語National Wine）
可能な限り自然のままの製法で作られたワインであり、原料となる葡萄は農薬や化学肥料が使用されない有機農法で育成されることが前提となる。つまり自然派ワイン。
しかし、醸造過程において様々な条件が求められ、有機農法を採用していても醸造過程で何らかの添加が行なわれたり調整が加えられたものはオーガニックワインとなる。
自然の力を十分に引き出せるように造られたワインの総称でもある。葡萄の底力を引き出し、それを最大限に生かしてボトリングされるために、味わいがピュアであり、それまでのワインのイメージを覆すのが大きな魅力。

目標のなかに、山葡萄系の葡萄栽培では有機農法、つまり自然農法が可能であり、また、この有機葡萄によるワイン生産者の多くが、有機ワイン、ビオワイン造りに強く意欲を抱き、熱心に研究している点を高く評価していることによります。

いずれにせよ、自然農法と自然派ワインは、葡萄栽培者とワイン生産者にとっては今日的課題として大きな岐路となっていて、その選択の必要性に迫られている向きもあるといっても過言ではないのです。

そこで、本章では農業とワイン生産の究極の目的と課題である自然農法と自然派ワインについて、海外と国内での現状とその問題点を、専門家の著述を参考に改めて記述してみることにします。

1 海外の動向

（1）中小生産者が推進

ビオディナミ農法（注15）は繰り返しますが、農薬や化学肥料を一切使わず、太陽や月の動きを考慮しながら土壌が本来保持している力を引き出す自然ワインの原料である葡萄栽培については、既述（本書「はじめに」の6、日本における有機葡萄の国際的評価））のように、2016年度のグルマン世界料理本大賞のベスト・オーガニック&ビオディナミ部門でグランプリ（ちなみに著者は同部門で第2位）を受賞したフランス、ロワールのニコラ・ジョリ（注11）やブルゴーニュのマダム・ルロワ・ビースなど著名なワイン生産者が実践しています。

こうした主にヨーロッパにおけるビオディナミ農

（注25）
有機農法
化学薬品に極力依存しない栽培方法。化学肥料、殺虫剤、除草剤を使わないのがその3本柱。防カビ剤についてはボルドー液など天然の物質を利用したものに限り使用が認められる。
国ごとに認証基準が定められているが、大枠は世界中ではほぼ共通している。また有機栽培は高品質というわけではないが、優良生産者の中に有機栽培、あるいはそれに近い栽培方法を実践する者が多い。

（注15）
ビォデイナミ農法
（仏語 Biodynamie
英語 Organic）
農薬や化学肥料を一切使わず、太陽や月の動きを考慮しながら土壌が本来備えている力を引き出す自然界との調和を目指す農法。
ロワールのニコラ・ジュリ、ブルゴーニュのマダム・ルロワ・ビーズなど著名なワイン生産者が実践している。多湿な日本では実現が難しいが、果敢にチャレンジまたは部分的に取り入れる生産者が出てきている。

法のワイン事情に詳しい山本博（注26）の著書『エピソードで味わうワインの世界』（2014年、東京堂出版）の第１部19話の「有機農法とビィオディナミ」の記述中の一文は大変参考になるため少し長くなるが抜粋して紹介します。

「有機・自然農法はフランス語ではバイオロジック、またはオーガニックと呼ばれている（現在、農産物全体に使用されているが、これを正式に名乗るには厳格な規制がある）。これについて誰にも反対がないが、いざ実際に行うとなるが、畑が広大なところではなかなか難しい。

（中略）

これとは名前がよく似ているが全く違った農法が「バイオダイナミック」略して「ビオディナミ」農法である。この農法は、オーストリアの哲学者ルドルフ・シュタイナーの理論に基づき開発されたもので、この根底的思想は「生命は、月や惑星などの宇宙からの神秘的な力を受けている。そのため有機体としての葡萄園での作業は、宇宙からの影響を考慮しながら行わなければならない」というもので、厳格な有機農法に天体の動きなどを考慮した農作業を取り入れている。自然の持つ治癒力やエネルギーによって土壌を活性化させ、葡萄の木の生命力を高めることに重点が置かれている。具体的にはすべての農薬や化学肥料の使用は禁止される（但し、ボルドー液と硫黄の使用は許される）。醸造法でみれば、自然醗酵を原則とし、清澄剤や低温処理などは採用しない。葡萄の栽培にあたっては、月の満ち欠けや

（注16）
バイオダイナミクス農法
（独語）Biologisch-dynamische Landwirtschaft
人智学のルドルフ・シュタイナーによって提唱された有機農法の一種で、循環型農業である。ドイツやスイスで普及している。
高級ワイン用のブドウ栽培において、現在一種の流行となっている。通常の有機農業と異なり、生産物が有機的であることだけでなく、生産システムそのものが生命体（Onganic）であることが意識される。「理想的な製法はそれ自身で生成した個体である」と云うシュタイナーの思想に基づき外部から肥料を施すことを良しとせず、理想的には農場が生態系として閉鎖系であることを示す。

星座の位置などの天体の動きに合わせて耕作・剪定の日や収穫時期を決定する。

光の力を強めるために、少量の水晶の細かい結晶を畑に撒くということもやっているが、変わっているのは特殊な肥料を三種ほど使っていることである。

（中略）

このビオ農法はロワールの名門「クーレ・ド・セラン」のオーナー、ニコラ・ジョリーが心酔し、現在この農法の伝道師的な存在になり、普及のため世界中を講演しまわっている。現代ビオ農法を採用するワイナリーは世界各地に増えているが（ほとんどが中小生産者）、熱狂的に支持・支援する人達と、懐疑の目で眺めている人とに分かれている。

（中略）

とにかく、この農法を使って非常によいワインを造り上げているワイナリーがあることは事実で、ワイン雑誌でもそうしたワイナリーの特集を組んだものも出ている。もとドメーヌ・ロマネコンティの顔といわれたマダム・ルロワは、ドメーヌから離れ、自分の「ドメーヌ・ルロワ」を興したが、ビオ農法の心酔者になり、自分の畑でビオから造ったワインを出すようになっている。

ボルドーはメドックのドン的な存在である「シャトー・ランシュ・バージュ」のジャン・ミッシェル・カーズ氏にこの農法のことを尋ねると、小さくて孤立した畑の生産者ならいいかもしれないが、メドックのような広大な畑が広がる生産地では、自分のところがやって虫にやられるのはいいが、近隣の畑に迷惑をかけるわけにはいかないから、インポッシブ

（注11）
ニコラ・ジョリ（Nicholas Joly）フランス、ロワールの著名ワイナリー、シャトー・ド・ラ・ロッシュ・オ・モワーンヌのオーナー兼醸造責任者。ワイナリーに隣接する単一畑。
クロ・ド・ラ・クレ・ド・セランから生まれるシュナン・ブランはフランスでは最も有名な辛口ワインの一つ。ジュリはバイオダイナミクスの理酒指導者としても知られる。またコラ・ジョリは2000年３月にカリフォルニアを訪れ、モンダヴィやジョセフ・フェブスを代表を含むグループにバイオダイナミックスの講義を行ない注目された。日本での著作「ワイン天から地まで=生力学によるワイン醸造栽培」飛鳥出版がある。

ルだと答えてくれた。また「シャトー・ムートン」の隣に畑がある「シャトー・ポンテ・カネ」もビオを採用しはじめたが、畑の被害がひどく、今のところ一時休止しているそうだ。
（中略）
日本のワイン醸造界で権威的な存在であられる戸塚昭先生はビオ賛成派ではない。ビオ農法の伝道師ともいえるニコラ・ジョリー氏が来日して、講演会を持たれ、自分のクーレ・ド・セランの試飲会をしたことがあった。試飲された氏はただ首を振るだけだった。
ワイン造りには素人の筆者は、まだとても手放しで賞賛できない。
現代醸造学の異端児ともいえるビオディナミが進歩か？　黒魔術か？　また歴史の検証が必要なようである。

この山本によるビオ農法のフランスでの動向と逸話の記述は、的確にその実状を表し、またボルドーの有力なシャトーのオーナーの考え方を直裁に語っていて貴重な内容と言える。
ことにビオ農法は、畑の広いところではなかなか難しく、採用するワイナリーは世界各地に増えているものの、そのほとんどが中小のワイン生産者であること、つまり現在のところ栽培者も、ワイン造りも中小規模の生産者に限られているようである。
このような例はフランスと日本のワイン事業の規模での比較対象にはならないものの、日本にあっても、本文第９章の⑥「未来を開く中小の醸造の匠たち」

（注26）
山本博
1931年横浜生まれ、弁護士。日本輸入ワイン協会会長。世界ソムリエコンクール日本代表審査委員。
日本におけるカルオルニア・ジャパンおよびシャブリの不正表示活動によりフランス政府から農事功労賞を授与。2008年にはフランスの食文化の特性に著しく貢献した人物に贈られる「ザ・フレンチ・フード・スピリット・アワード」にて人文科学賞授与。
主な著書に「ワインの女王ボルドー」「新・日本のワイン」共に早川書房刊、「シャンパンのすべて、新装版」「ローヌとロワールのワイン」共に河出書房新社刊、「ブルゴーニューワイン」柴田書店刊など多数。
ちなみに濱野とは2009年４月、中国山東省煙台市における国際ブドウ＆ワイン博覧会（主催OIV、協賛煙台市等）でのレセプションに同席し知己になって以来交遊が続く。濱野はワイン関係者のなかで山本は最も敬愛する人物のひとりである。但し日本での山葡萄ワインの立ち位置については２人の考えには大きな差異がある。

に著者が記述する内容と符合するように、ワイン事業はどうやら大規模事業者ではなしえない“内実”を、中小ワイン生産者がなしえることにほかならないという方向性を示唆しているような気がするのです。

（２）なぜビオディナミは畑で発展したか？

本書の読者を含め多くのワイン愛好者にとって本項の冒頭での記述、有機ワイン、ビオワイン、また農作物の栽培上での有機農法、ビオディナミ農法、さらにはバイオダイナミックス農法という今日的課題の農作業が、“葡萄畑”を対象にした最先端の農法としてなぜ誕生発展したのか、疑問を感じたことはありませんか？　数々ある農作物のなかでなぜ“葡萄畑“がと―。疑問ですよね。

その疑問、大げさに言えば謎の回答を次に紹介する記述で知っていただければと思います。

『ビオディナミ・ワイン　35のＱ＆Ａ』（2015年10月、白水社）の著者アントワーヌ・ルプティ・ド・ラ・ビーニュ（注27）は著書のQ3で、その疑問を次のように答えています。

「陳腐な言い方にすれば、なぜワインが他の農業に比べて人びとの熱心な関心を引きつけるのでしょうか？　香りや味、質にこだわり、嗜好品としてコレクションする人までいるからでしょうか？　たしかにワインへのこだわりは、普通のレベルをはるかに超えていると言えます。人によっては地球を1周回ってでも、自分が飲んだワインの造り手に会って、一度でいいからその特別な畑を訪れたいと願うほど

（注27）
アントワーヌ・ルプティ・ド・ラ・ビーニュ（Antoine Lepetit・De・La・Bigne）ビォディナミ・ワイン35Ｑ＆Ａの著者。星埜総美訳、立花峰夫解説、白水社刊。世界最高峰の白ワインの造り手のひとり。「ドメーヌ・ルフレヴレ」の醸造家。パリの理工科学大学校卒業後、農業学、醸造学を修めアルザスでワイン醸造の経験を積む。「ピュリニ・モンラッシェワインとテロワールのワイン学校」の創設メンバーのひとりでビオディナミ農法に関するコンサルタント。

です。他の農産物では、およそ考えられないことです。ワイン以外の農業分野では、19世紀の産業モデルがまたたくまに広まり、工業化によるマイナス面も多く取りざたされています。土地の多様性が無視され、コスト削減と耕作の標準化、極端な機械化の道を走り、あげくの果てに人間が生産工程から切り離されました。

コスト削減や生産の画一化は、自動車産業の中で発展した考え方です。この画一化ということとは対照的に、葡萄畑で土と交わりながら仕事をすると、むしろ自然の多様性の大切さに気づきます。畑では、自然の無秩序な特質をじっくりと観察し、その土に適した方法で手入れをすることによって、区画を最高の状態に導くことができます。工業の時代であった20世紀を経て、さらなる都市化が進む現代において、ワインは私たちを大地につなぎとめる最後のものかもしれません。

作家コレット（注28）は「ブドウは、植物のなかで土のもつ本当の味を教えてくれる唯一のもの。その表現の忠実なことといったら！　土に宿るあまたの秘密は房に宿り、葡萄の木がそれを受け取る。葡萄の木のなかで、シレックス土壌（注29）は生き生きと溶けて養分を宿らせ、不毛な白亜土はワインとなって黄金の涙を流す」と言っています。

ワインというものは、育て方によって変わるテロワール（注13）の表現や質の違いを、自分の舌先で感じ、知る経験を誰でも積み重ねることができます。（中略）

生産者と消費者の距離がこれほど近い農作物は極

（注28）
コレット（Gabrielle. Colette）
1873～1954年。フランスの女流作家。繊細な感性で男女の愛憎、官能や自然を描いた小説「シェリ」「青い麦」など。

（注29）
シレックス（Silex）
岩石学の用語。玄武岩のような硬い岩石に用いられたが、転じて廃れた、という語。

（注13）
テロワール（terroin）
畑を取り巻く全ての環境を指す。畑の斜度や方位の地形、標高、日射量や降雨量、気温などの気候、土壌など葡萄栽培に影響を与える要素を包括する。

めてまれではないでしょうか？　トマトやニンジン、ジャガイモに同じような熱い関心が寄せられるかどうか、考えてみて下さい。消費者との間に、この顔を突き合わせた関係性があってこそ、ビオディナミはワインの世界で発展し、一方で近代農業の生産方法に限界があることを意識させる糸口となりえたのかもしれません。ワインにとって正しい、と遠からず明らかになるはずです。

（中略）

ところで、畑には、ビオやビオディナミ農法をとくに発展させる必要がありました。どうしてでしょうか？　それは、葡萄栽培は殺菌剤や殺虫剤をもっとも多く消費する農業だからです。一例をあげましょう。シャンパニュー地方の葡萄畑では、殺菌剤や殺虫剤を１ヘクタールあたり平均20回も散布します。しかもここには除草剤は含まれていません。多くの果樹と同じく多年生植物である葡萄は、輪作サイクルのある一年

表３　三農法の比較

	従来の農法	ビ オ	ビオディナミ
病気との闘い方	基礎化学肥料、銅や硫黄の散布が認められる。	銅と硫黄の散布が認められる。	銅と硫黄の散布が認められる。
植物の免疫力を高める措置	とくになし。	とくになし。	ビオディナミ・プレパラート、植物ハーブを加え、月のサイクルを考慮する。
植物の栄養	三大栄養（N、P、K）と塩が認められる。	有機肥料が認められる。	ビオディナミ・プレパラートを使ったコンポストが認められる。
土の手入れ	認可された除草剤は認められる。	有機肥料が認められる。	化学除草は禁止。
周辺環境への配慮	なし。	なし。	周辺環境を含めた全体を有機体としてとらえて配慮する。
ワインづくり	法で認可される全ての添加物が認められる。	添加物の厳しい制限（亜硫酸の添加量に限界）。	添加物の厳しい制限（亜硫酸の添加量に限界）。
認定の表記	とくに表記はないが、減農薬栽培などの表記が付されることもある。	（フランスでは）ABの表記。	デメテール（DEMETER）やビオディヴァン（BIODYVIN）の表記。
管理の表記	生産者に委ねされる。	EUまたはフランスの国の基準で管理。	各組合の基準で管理。

出典：アントワーヌ・ド・ルプティ・ラ・ビーニュ『ビオディナミ・ワイン 35のQ＆A』（2015年10月、白水社）

生植物に比べて常時さまざまな寄生虫にさらされるため、これほど大量の農薬が必要となるのです」

上の記述で作家コレットの言葉を引用し、葡萄が他の農作物と異なり、「土が持つ味」、また「ワインを黄金の涙」と表現していて注目に値します。

そして結論として「ワインは私たちを大地につなぎとなる最後のもの」葡萄は、まさしく様々な自然の農法を生み出した思念、思想の原点と言えます。それは著者を含めたワインに憑（つ）かれた者の本音を述べているのです。

それにしても過去、フランスのシャンパニュー地方の畑で除草剤を別にして、20回も殺菌剤や殺虫剤を散布していた、という記述に愕然としました。しかしこの畑の化学薬品の汚染からの脱皮に、ビオやビオディナミ農法が急速に発展してきた経緯がよく理解できます。

表3は、アントワーヌ・ルプティ・ド・ラ・ビーニュによる「従来の農法」「ビオ農法」「ビオディナミ農法」の3農法の比較を表したものです。

2 国内の動向

（1）有機農業の持続可能性

この項は、恵泉女学園大学人間社会学の教授で日本有機農業学会（注30）会長の澤登早苗（注31）の『環境社会学研究誌』22号、2017年の「有機農業の技術の組み立て方と持続可能性――果樹農家の実践から」の記述よりわが国での有機農業、つまり自然農法の一環としての現状と可能性についての主文を抜

（注30）
日本有機農業学会
1999年12月設立。学術研究領域では社会学、農事、環境学、有機農業を多面的、総合的に講論し有機農業の基本的な考え方や望ましい方法論の社会への提示を目指す。
「連絡先」事務局、恵泉女学園大学人間社会学部、澤登早苗気付、東京都多摩市南野2-10-1。

（注31）
澤登早苗
1959年（昭和34年）山梨県牧丘生まれ。東京農工大学農学部卒。ニュージーランド、マッセイ大学大学院を経て東京農工大学連合農学研究科終了。農学博士。現在、恵泉女学園大学教授。日本有機農業学会会長。日本葡萄愛好会常任理事、やまなし有機農業連絡会議代表。フルーツグロアー澤登の共同代表。著書に「教育農場の四季」「本来農業宣言」共著、「恵泉女学園大学　オーガニックカフェ」監修など。

（注32）
澤登芳
1928年～2014年。山梨県牧丘生まれ。
早稲田大学政経学部卒。牧丘町議会議員3期。第2代日本葡萄愛好会理事長。日本キウィフルーツ協会理事長。有機ネットやまなし代表。日本ワインバンク常任理事等。

粋して紹介します。

澤登早苗は国内の有機農業の理想と理念を提唱するのみではなく、過去に父の澤登芳（注32）と伯父の澤登晴雄（注33）から得た有機農法を果樹農家の立場からの実践を通して“有機農業“を推進している点で、国内にあっては希有な農業科学者の一人です。

「日本有機農業研究会に違和感」

明治以降多くの果樹が海外から導入された日本では、生育環境が高温多湿であるため、果樹の有機栽培は不可能とされてきた。

一方、有機農業を牽引してきた日本有機農業研究会（注34）は提携運動10原則のもと、有畜複合小農経営を基本とし、自家製堆肥・ボカシ（注35）を畑に投入し、生産物は提携による消費者への直接販売を推進してきた。

筆者は、豊かな農山村のために葡萄、キウイフルーツの導入を推進し、有機農業運動にも長年携わってきた父・澤登芳、伯父・澤登晴雄を見て育った。有機農業運動の目的に共感し、自身も1990年代半ばから積極的に運動に関わってきたが違和感を覚えることもあった。

それは有畜複合ではない果樹農家は有機農業を認められないという疎外感だったように思う。澤登芳もまた、日本有機農業研究会の提携運動は消費者主導・理論先行型、理屈が多すぎるとよく言っていた。

有機農業推進法（2006年施行）により、存在が公的に認知され、推進が謳われるようになった有機農業であるが、他の先進国と比べその取り組みは大

（注33）
澤登晴雄
1916年山梨県牧丘生まれ。明治大学政経学部卒。県立師範学校卒。1945年東京国立市に農業科学科研究所設立。日本葡萄愛好会初代理事長。日本キウィフルーツ協会理事長。日本有機農業研究会代表理事。日本ワインバンク理事長等。

（注34）
日本有機農業研究会
1971年設立。有機農業の実践などを目的に生産者と消費者、研究者が手を携えて結成された。JAS認証制度を取り入れたことで2000年２月「有機農業に関する基礎基準2000年」の構成として10項目の目標を掲げ、生産者と消費者との提携10ヵ条を定めている。

（注35）
ボカシ
油かす、米ぬかなど有機肥料に土やもみがらを混ぜて発酵させて作る肥料。

きく遅れている。その一方、新規就農者の多くが有機農業を志向し、「消滅する市町村」と名指しされた地域にＵターン者が増え、都市から移住した若者で地方が元気になる事例も出てきた。

日本の農業・農村が崩壊の危機に瀕している今日、農業が持続可能であるとはどういうことか、果樹栽培はどうあるべきか、問い直す時期に来ている。

「有機農業の基礎は本来あるべき農業」

澤登芳は晩年「食は命、土は母なり」「持続可能な農業を維持することが人間の命を守ること」「農業は生命産業」とよく言っていた。そして「人の命を育むべき食べもので人が病気になる。そんなことがあってはならない」という思いから早くから“農業は生命産業”という強い信念を持つに至った。

（中略）

農山村の持続可能性、あるいは農業と環境の持続可能性を考えると、澤登芳のように本来あるべき農業を営みながら地域づくりにも積極的に関わる人材が必要である。そのためには、有機農業は生産活動（経済行為）だけでなく、多面的な機能を有していること、すなわち地域の環境や社会に対してどのような影響をおよぼし、便益をもたらすのか、その可能性について明らかにする必要がある。時代とともに農業的需要は変化する。最初から「売れるから」「消費者ニーズがあるから」という目先のことではなく、地域が活力を失わないために今、どのような農業が必要であるか考えるべきである。その際求められるのは、その地域で継承されてきた伝統知や経験知を基礎に、自然との接し方、人との接し方、地域のあり方などを長期的な視点に立って考えることであろう。

澤登芳が目指してきた有機農業はこのような農業であり、本来あるべき農業、持続可能な暮らしを支えてきた農業である。「今だけ、金だけ、自分だけ」と象徴される農業政策のもと、「儲かる農業」「高付加価値生産」を目指して展開されている今日の農業には、地域の持続可能性は維持できない。くわえて、平成の大合併、コンパクトシティ構想、小学校の統廃合で地域の活力は急速に低下している。

（2）有機農業の可能性と課題

農山村で人びとが豊かに暮らし続けるためには、自然と共生可能な、自然生態系にも農業者にも負荷の少ない農業が必要である。今や農薬・化学肥料の依存度が高い慣行農業のみならず、有機農業でも資材依存農業から自然循環型農業への転換が急務であり、有機農業の栽培技術の研究・開発や体系化がさらに進むことが求められている。

しかし、明るい兆しもある。既存の慣行農家に深刻な後継者問題が生じている中で、有機農家には後継者がいることが多い。新規就農者の多くは有機農業での就農を希望し、都市から遠く離れた農山村に移り住み、有機農業を取り入れた暮らしを始める若者が増えている。彼等が有機農業を目指す理由は、経済的な優位性よりもむしろそれ以外のところにあるようだ。有機農業の普及には生産技術の確立が必要だといわれてきたが、それのみならず、有機農業の公共性、すなわち社会性にも注目すべき時が来ている。しかし、そうした農業が有する多面的機能を客観的に評価できる都市住民の理解と支援が必要である。

（中略）

年々、果樹の有機栽培を行いたいという問い合わせが増えている。化学物質過敏症等の理由で農薬がかかった果実は食べられない人も増え、「果実は沢山食べないから農薬がかかっていても仕方がない」では済まされない状況となってきた。

著者は澤登芳の経営を継承した。澤登芳は長い年月をかけて確立した果樹栽培を継承・発展させ中山間地域で人々が継続的に暮らす道を探りたい。地球温暖化は果樹栽培にも深刻な影響を及ぼしているが、システムとして緩衝作用が大きい有機農業はその影響を受けにくい可能性もある。有機農業が有するレジリエンス（しなやかに適応して生き延びる）にも注視していきたい。

このように本来あるべき農業として多面的な機能を有する有機農業には、現代社会が直面している多様な問題を解決する潜在力が秘められている。その力が発揮されるためには、食の安心・安全のみならず、自然生態系の保全、働く人の健康や福祉、将来世代のための予防を原則とする農業である、という有機農業の正しい理解者を増やすことが喫緊の課題であろう。

この澤登早苗の研究論文中に、父・澤登芳が山梨牧丘での巨峰栽培での様々な苦難を経て生産の拡大に成功、日本一の生産に至ったなかで、葡萄育成の技術的改良、地元での組合の結成と市場の開拓などの経緯、さらには澤登芳の兄・澤登晴雄との間での葡萄品種の改良と新種の作出などが記述されているが限られた枚数により割愛しました。

但し特筆すべきは父・芳とともに、山葡萄系品種小公子で“無添加ワイン“を委託醸造により生産していることを付記しておきます。

前編

日本ワイン
再発見

第9章

日本ワインの未来

1 山葡萄&山葡萄ワインの総括

著者はこれまで山葡萄と山葡萄ワイン、そして山葡萄交配種ワインについて各分野から見つめ解析してきました。

日本山葡萄はわが国土に古来より自生してきた葡萄樹で、その独自の樹勢によって日本特有の風雪に耐えて生き続け、国内での欧米の葡萄栽培とは異なり、現代人に必要とされる有益な成分を多量に含有し、有機による葡萄栽培を可能にしてきました。

その品種となりますと北は北海道から南は沖縄までと広く自生し、栽培されて、多様化しているという複雑な植生を特徴としています。

また山葡萄を原料とするワイン造りとなりますと、主に東北や岡山などの山間地での生産拠点に依存するため、地場を代表する産業として地域の活性化に貢献するとともに、山葡萄系品種による交配種のワイン造りに役立っているという大きな特性があります。

しかし、このような日本山葡萄の有益な存在価値に対して、これまでの日本のワイン業界の流れとしては、本場の欧州ワインを堪能し、欧州系葡萄品種による国内でのワイン造りを頭から“良し”とする風潮に凝り固まってきたという経緯があります。

また、その風潮を、国内の多くの醸造家らが何の躊躇(ためら)いもなく受け入れて、日本古来の山葡萄ワインについての探求を怠り、欧州のワインの品質にひたすら近づくという目標に邁進してきたわけです。

それは正に“灯台下暗(もとくら)し”で、著者自身もその謗(そし)りの一端は免れず、20年前の恩師澤登晴雄との1999年の再会と、中国での山葡萄ワインの進化(1997年)を目の当たりにして再認識したというのが真相です。

2 ワイン造りの課題

前項の「日本山葡萄&山葡萄ワインの総括」を踏まえ、山葡萄系ワイン造りの“未来”は、となりますと、著者は次の3つの課題を克服した先に山葡萄ワインの大きな世界が広がりを見せ、これまでの欧州系品種のワインを“亜流”と言える存在、つまりは日本ワイン総生産量のシェア拡大へとつながるものと期待しているのです。

（1）上質な味わい
味わいがなめらかで香りを高め、奥行きのある深い感触にすることで、より上質な味わいと品質の向上によって消費者を増やす。
（2）栽培の拡大とコスト軽減
消費の増大にともない、山葡萄栽培を拡大、栽培コストを軽減し、ワインの販売価格の低減化を図る。
（3）存在価値を高める
日本ワインの総生産量のうち、山葡萄ワインの占有率の拡大に努め、本来の存在価値を高める。

この著者の期待は、“言うは易く事成り難し”で早期の実現は困難とみていますが、10年、30年、50年、100年と、未来に向けて葡萄栽培の“達人”と、ワイン造りの“匠”が一体となっての精進により、必ずや達成されるものと期待して止みません。

3 岡山大農学部の研究

本項はこれまでの記述と一部重複する内容もありますが、山葡萄による優良なワイン造りに長年の挑戦と体験豊富な岡山県のひるぜんワインの植木啓司代表より、本文への記載を了承を得たうえでの、山葡萄ワイン生産の特性を知るための貴重な研究報告です。

「果実中の酸、アミノ酸、ポリフェノールの含有」
（1）山葡萄果実の糖組成は葡萄糖、果糖酸の組成にリンゴ酸、酒石酸で一般的な葡萄と同じです。しかし、酒石酸が完熟期でも1～1.5％と高く、それが一つの特性です。

（2）アミノ酸組成では、多くの赤ワイン用品種で含まれているプロリン（注36）が少なく、一般には含有量が少ないグルタミン、グルタミン酸が比較的多いものの、アミノ酸量は少ないという山葡萄果実の特性があります。

（3）山葡萄果実は完熟すると一般の栽培葡萄に劣らない糖分が蓄積されている例が多いものの、酒石酸の含有量が非常に高いために生食用には向かない。

しかし、果実には高い濃度のアントシアニン（注37）が含まれていて、果実全体として高濃度のポリフェノールを含有し、したがって抗酸化活性も高いのである。

4 ワイン加工のノウハウ

山葡萄の果実は一般のワイン用の葡萄品種に比べて発酵用の果汁（マスト）の含有量は非常に高く、また色素、ポリフェノールも豊富に含まれています。

しかし、その反面アミノ酸の含有量は著（いちじる）しく低く、また果房が小さい割には穂軸が太くて強く、果粒は小さく果皮が厚いのが特性です。

このため一般のワイン用品種を用いたワイン醸造の場合とは異なる醸造技術の検討が必要で、岡山大学農学部の研究では次のような研究成果から山葡萄ワインの加工を実行しています。

（注36）
プロリン（Proline）
アミノ酸の一つ。タンパク質を構成する。

（注37）
アントシアニン
植物界に広く存在する色素。青色の花と色素群（普通、酸性溶液中で紅色、アルカリ溶液中で青色）のうち、配糖体となっている物質の総称。色素本体はアントシアニジン、それが結合した配糖体がアントシアニン。

（1）足踏み破砕の導入

山葡萄果実は既述のように果粒が小さく果皮が厚いために、一般の除梗、破砕機を通してタンクに移す方法では果汁が少なく、果皮が浮き上がる状態となります。

このため除梗、破砕した果実を平たい容器に移し、足で丁寧に踏んで果実を充分に潰すことにしました。

この工程では500kgの果実に対して約20分を要しました。

これはワイン造りの原点と言える作業で､山葡萄ワイン造りによって、古来のワイン造りの“復活”となったのです。

（2）減酸の研究

酸とポリフェノールの含有が高いことから、一般的な製法によるワイン造りでは「酸味」と「渋味」が強すぎます。

これを山葡萄の特徴として好む消費者もいますが、一般的には馴染めないとする評価が多いために､この改善に減酸の研究を行ったわけです。

まず酵母の選択として高酸マストに適合するとされる数種の酵母を用いて試験醸造し、山葡萄マストと最も適するものを選択しました。

A　乳酸菌によってリンゴ酸を乳酸に変えることによって、ワインの酸度を低下させると同時に風味を改善させます。

B　発酵終了後に乳酸菌の凍結乾燥粉末を添加します。

C　減酸の最後の手段にワインを冷却処理し、二次発酵の終了後にワインをマイナス４度摂氏の冷媒中循環し、酒石酸の結晶（酒石）を除去します。

以上の減酸操作により、これまでの山葡萄ワインの風味が大幅に向上します。

（3）樽による風味の改善

山葡萄ワインは酸味や渋味などの強烈な個性を持つ反面、風味の厚さや奥行が乏（とぼ）しいという大きな欠点がありました。

その解決のため、赤ワインとしてのボディを向上するためにオーク（カシワ、カシ、ナラなどブナ科の樹木）の樽に貯蔵する方式を採用しました。その結果、３年樽のワインではワインの風味や香りが明らかに相違しました。

これをベストの比率でブレンドすることによりまして、山葡萄赤ワインとして安定した品質に仕上げることに成功しました。

（4）加熱充填から無菌充填へ

ビン詰め後のワインの変質や二次発酵を防ぐためには、従来は60度摂氏に加温してからコルク打栓をしていました。しかし、数年前から非加熱でカートリッジフィルターにより発酵母を除去し、無菌状態で自動的にビン詰めできる装置を導入しました。

非加熱にすることにより、樽貯蔵で得られたワインの樽香など良好なフレーバーが保持され、ワインの品質のさらなる改善が実現されたのです。

5 “アンチ山葡萄ワイン”と科学の進化

本書の「はじめに」の「アンチ山葡萄ワインへの“アンチ”」では、繰り返しますが、著者がある面で心から敬愛するワイン評論家Ｈの持論“アンチ山葡萄ワイン”を根拠としています、山葡萄ワインの上級ワイン造りへの“絶対的限界論”に対して、著者は「今日の科学界の研究と開発は、時代の推移と共に必ず進化していく」との反論内容を返信したことを読者諸兄は記憶にあると思います。

そして、前項④の「ワイン加工のノウハウ」による山葡萄の上級ワイン造りの成果は、著者が 指摘しました“科学の研究と開発の進化”の一事例であり、ワイン評論家Ｈへの返信内容を立証したものと考えられます。

現ひるぜんワインの植木啓司ら岡山大学農学部OBの、長年にわたる研究努力による優良ワインの数々の作出には目を見張るものがあります。

2003年には国産ワインコンクールで、まず「ひるぜんロゼ」で銅賞を、2006年に「山葡萄ワイン赤」が、むらおこし特産品コンテストで経済大臣賞を、そして、その先とその後の日本ワインコンクール及びジャパンワインチャレンジで奨励賞、銅賞、ロゼで金賞など12年間毎年受賞を積んでいます。

これらの国内での受賞暦が如何ほどの権威と価値があるのか否かの全容は著者としては理解ができかねますが、少なくともその受賞を全面的に否定するとしたなら、これらの賞を与える主催者側の権威も存在意義も希薄となり、日本のワイン業界の指導部の存在価値さえ疑わざるえないことになります。

ひるがえって、この受賞が日本ワイン業界のある面の評価であったとしたなら、山葡萄ワインを“亜流“と見下し“絶対的限界”と主張してきたワイン評論家をはじめ、その主張に同調してきた国内のワイン関係者らは一体何の根拠があっての思念からの主張か不可解としか言いようがありません。

もちろん、ひるぜんワインの研究と成果は、終着点では無く通過点にすぎません。しかし、国内の多くの山葡萄ワイン生産者にとって啓発される面が多い筈であり、さらなる優良上級ワイン造りを目指して精進することを期待して止みません。

本書の中編「ワイン造りと葡萄栽培の現場」で詳細を既述しますが、岡山のひるぜんワインの優良なワイン造りに牽引された形で、日本最大の山葡萄産地である東北岩手県のくずまきワインをはじめ、野田村の涼海の丘ワイナリーの銘柄、“紫雫”、また、くずまきワインでの委託醸造による盛岡市のエスプラスカンパニーの銘柄、涼実紫“新里”など、次々と優良な山葡萄ワインが作出されていて、著者としては大変嬉しく心強い限りです。

6 未来を開く中小の醸造の匠たち

国内での未来のワイナリーに期待できるのは、どうも大手のワイナリーではなく中小ワイナリーのこだわりの醸造の“匠”に期待できそうです。

その最大の理由は、日本を代表する大手ワイナリーは、大手食品会社とビール製造会社の傘下の副業的存在であることです。

本来、大手ワイナリーが日本ワイン業界を牽引すべきシェアと資力を有しながら、アルコール飲料のライバル関係にあるビール製造の親会社の鼻息をうかがいながらのワイン生産では、海外のワイナリーに見受けられる一貫した優良ワイン造りの企業姿勢とはかなりの隔たりがあるようです。

一方で、近年の中小ワイナリーや新たに起業したワイナリーの匠たちのなかには過去、ワインの本場フランスやイタリアで葡萄の栽培や醸造に携わってきた若者がワイン造りの技術と理念を修得して日本に帰国し、国内の中小ワイナリーでの醸造と、新たにワイナリーを起業して優良ワイン、ことに今日的課題である自然派ワイン生産に意欲を示している姿を、著者は多々目にして、大手ワイナリーの立ち位置に失望するなか、一筋の光明を見い出しているのが最近の現状と言えます。

こうした若い世代の匠たちのグローバルな視点と優れた科学技術の会得によって、日本山葡萄ワインを含めた日本ワインの未来が開かれるものと大いに期待しているのです。

7 日本ワインの源流を再発見

ご承知のように、国内で生産されている純国産ワインと言われるワインの原料である葡萄樹のほとんどが欧米系の葡萄品種によるもので、そのワインの生産量は国内総生産量の約93％を占めています。

つまり日本の国土で欧米系品種のワインが圧倒的なシェアを占めているわけです。

その品種となりますと、ワイン愛好者に馴じみの深い赤ワインのカルベネソーヴィニヨンやメルロー、コンコード、白ではナイヤガラ、シャルドネなどで、最近に至って赤では日本の交配種マスカット・ベリーA、白では在来種の甲州が陽の目を見ると言ったのが日本ワイン産業の今日までの歴史なのです。

しかし、日本の国土のテロワールに馴じまない前述の欧米系の葡萄栽培には、人の健康を損（そこ）なう農薬や化学肥料を長い間使用されてきた事実を忘れてはならないのです。

そして、それら生食用の葡萄を含めたワイン用の葡萄の古くからの栽培地のなかには、農薬や化学肥料塗（ま）みれの土壌が現在も使用されているのです。

そうした汚染された葡萄栽培地の土壌は、総体的にしっかりとした土壌改良が為されない限り、不健康な汚染土壌で葡萄栽培を余儀無く続けなくてはならない科学的な宿命を背負っているわけです。

他方、近年和食が世界遺産に登録され、国際間で和食ブームを迎えているなか、和食と日本古来からの山葡萄ワインとのマリアージュは極く自然な姿であり歓迎すべき事例です。

これまで繰り返し述べてきました日本各地の中山間地での、無農薬、有機肥料による自然派ワインの存在は極く自然の再発見であり、その源流である“日本山葡萄“を改めて見直される時期を迎えていると著者は考えているのです。

8 山葡萄系ワインの試飲会

（1）洋食、和食、中華料理

これまで本文を通して著者は繰り返しくどいように日本山葡萄の存在価値と、そのワイン造りの重要性を述べてきました。

しかし、残念ながら現在のところ、日本山葡萄の認識は主に地方での山野周辺で山葡萄に接している人、またはその見聞によって承知している人々に限られているようです。
さらに山葡萄ワインになると、ワインのエキスパートであるソムリエを初め、かなりのワイン通であっても口にした経験が無いというような、大変心細い実情にあります。
そして、岩手県や岡山県の山葡萄のワイン造りに熱心なご当地では、官民あげて山葡萄ワイン飲用の啓蒙運動と研究成果をPRしているものの、その効果となると地域に限定されていて、大都会のワイン愛好者にその情報が伝わりにくいという実情があります。
そうしたPR不足の背景のなか、東京オリンピックとパラリンピックを間近に控え、日本古来の伝承ワインの山葡萄ワインを、日本人はもとより、海外の多くの人々に認知して貰うということになると、やはり開催地東京で試飲会を開催し、その普及に努める方法が一番有効な手段と著者は考えました。

そのため手始めに著者の住む東京・杉並の阿佐ヶ谷駅周辺の飲食店で2017年の9月から11月にかけて、月１回“純日本産高品質赤ワイン発見の集い”と銘を打ち、微力ながら
「山葡萄＆山葡萄系ワイン試飲会」
を著者の主宰で試みました。
杉並の阿佐ヶ谷で開催した理由の第１は、ワインボトルの移動が拙宅から容易であることと、第２は食事付きであるため低廉な飲食店で馴染みのオーナーに著者が頼みやすかったこと、第3に中央線阿佐ヶ谷駅から150メートルと会場が近いことによります。
具体的には毎回時間は夕方6時から９時半までとワインをゆっくり味わう時間にしました。

第１回　9月16日（土曜日）
洋食の「モリーユ」参加者16名

第2回　10月10日（土曜日）
居酒屋「浩太郎丸」　参加者15名

第3回　11月11日（土曜日）

上海中華料理「日昇園」　参加者15名

会場を毎回毎に変えたのは、日本山葡萄ワインと洋食、和食、中華料理のマリアージュを配慮し、その可能性を探ることを参加者に知って貰う、との思惑がありました。

（２）24銘柄３回に分け試飲

３回に分けての試飲会の銘柄は、その多くが著者の試飲会開催の意図に賛同したワイナリーの（大半が日本葡萄愛好会会員）の提供によるもので品種別では山葡萄100％ワイン7銘柄、小公子100％ワイン7銘柄、小公子のスパークリングワイン２銘柄、山葡萄交配種ワイン５銘柄。その他中国産ワインを含めた３銘柄の合計24銘柄でした。

毎回、まずスパークリング系ワイン、次いで交配種ワイン、最後に山葡萄100％ワインと３品種を組合わせて毎回８銘柄のワイン15本を試飲しました。ワインの銘柄と試飲会別の詳細はP100の別表４の通りです。

（３）参加者多数が初体験

３回を通しての試飲会では既述のように延46人の参加人数でしたが、これはワイナリーの提供ワインが２本または１本であったため参加人数が制限されたためです。

参加者の職業別では、一般的なワイン愛好者が15人の32％、ワイン及び葡萄栽培、料理関係者のいわゆるワイン関係者が31人67％でした。男女別では男性60％、女性40％。

具体的にはワイン研究者、葡萄栽培者、有機葡萄栽培と有機農業の指導者、日本を代表するワインショップの幹部、料理教室業界の代表者、ソムリエ等がワイン関係者で、一般の参加者からの試飲の評価が著者としては大変感心を抱いての開催でした。

また過去に山葡萄及び交配種によるワインを体験した参加者は13人で、残りは初体験の参加者32人でした。つまり参加者の7割近くが山葡萄系のワインの体験はこの試飲会が初めてでした。この初めての体験での総体的な感想として、これまでの予備知識では、山葡萄系ワインは酸味と渋味が強く重厚味がある、また一方で甘口でリキュールのような薬用酒的な味がするのではないかという概念を持って参加したが、この試飲会での優れた山葡萄系ワインは、なめらかな感触と美味な味で、意外な初体験だった、というのがアンケートによって分かったのです。

（4）国際競争力に育つ可能性

今回の試飲会では毎回匿名により、

（1）山葡萄系ワインの試飲後の総体的な印象

（2）試飲ワインの銘柄別の優劣

（3）今後も試飲会に参加するか否か

などのアンケートの結果を集計しました。

そこで衝撃的だったのは、「山葡萄系ワインは大変美味であった」、また全員が「試飲会に毎回参加したい」、さらに全員の参加者が山葡萄系ワインが「国際競争力に育つ可能性がある」と、その将来性を高く評価した点にあります。

参加者は遠く宮城、福島をはじめ山梨、千葉、埼玉からの参加でしたが、今後も山葡萄系ワインを広範囲に東京で収集し、多くのワイン愛好者に味わっていただきたいと主宰の著者は考えています。

表4は参考までに試飲会でのワイン銘柄、品種、こだわり、生産者名と販売者名を明記しました。

東京・阿佐ヶ谷での試飲会「山葡萄ワイン」

東京での第一回試飲会参加者の記念写真

東京・阿佐ヶ谷での試飲会「小公子ワイン」

表4

第1回　試飲会

銘　柄	製造年	品　種	こだわり	生産者／販売社
赤見のぼっこ	2016	小公子 スパークリング	野生酵母 佐野市赤見畑	ココ・ファーム・ワイナリー ココ・ファーム・ワイナリー
赤翡翠	2015	富士の雫		奥出雲葡萄園 田中ぶどう園
白山アンドソロ	2016	小公子100%	黒ボク土 火山灰土壌	白山やまぶどうワイン 白山やまぶどうワイン
牧ノ庄赤葡萄酒	2014	小公子100%	樽熟成 無添加自然派	葛巻高原食品加工 フルーツグロアー澤登
W・G河原小公子	2009	小公子81% 行者の水ヒマラヤ19%	河原氏遺作	喜久水酒造 W・Gチレンセ河原
秩父山ぶどう	2001	山葡萄100%	在庫僅少	秩父ワイン 秩父ワイン
涼実紫　新里	2015	山葡萄100% 岩手新里産	ステンレスタンク 熟成	葛巻高原食品加工 エスプラスカンパニー
涼実紫樽　新里	2014	山葡萄100% 岩手新里産	樽熟成 在庫僅少	葛巻高原食品加工 エスプラスカンパニー
戎子ワイン青	2013	カルベネソーヴィニョン 山葡萄	中国山西省 樽熟成	戎子ワイナリー 戎子ワイナリー

第2回　試飲会

銘　柄	製造年	品　種	こだわり	生産者／販売社
丹波ワイン	2016	ジョージア産 黒ぶどう	スパークリンク	丹波ワイン 丹波ワイン
白山アンドソロ	2016	ヤマソービニオン	黒ボク土 火山土壌	白山やまぶどうワイン 白山やまぶどうワイン
三次小公子 マスカット・ベリーA	2015	小公子 マスカット・ベリーA	樽熟成 18ヶ月	三次ワイン 三次ワイン
常陸ワイン 小公子	2015	小公子100%		檜山酒造 檜山酒造
奥出雲小公子	2015	小公子100%	生物の共生	奥出雲葡萄園 奥出雲葡萄園
牧ノ庄赤葡萄酒	2015	小公子100%	自然派ワイン	東晨洋酒 フルーツグロアー澤登
紫雫(しずく)ロゼ	2016	山葡萄100%		岩手県野田村 涼海の丘ワイナリー
紫雫(しずく)赤	2016	山葡萄100%		岩手県野田村 涼海の丘ワイナリー
ひるぜんロゼ	2015	山葡萄100%	ワインコンクール 銅賞受賞	ひるぜんワイン ひるぜんワイン

第３回　試飲会

銘　柄	製造年	品　種	こだわり	生産者／販売社
白山スパークリングワイン	2016	小公子100%	微発酵	白山やまぶどうワイン 白山やまぶどうワイン
澤登ブラックペガール	2016	澤登ブラックペガール 岩手ヒマラヤ他	樽熟成85%	葛巻高原食品加工 葛巻高原食品加工
常陸ワイン	2016	ヤマソービニオン ブラックペガール		檜山酒造 檜山酒造
奥出雲ワイン	2015	ブラックペガール メルロー		奥出雲葡萄園 奥出雲葡萄園
安心院小公子	2015	小公子100%	ワインコンクール銅賞受賞	三和酒類安心院葡萄酒工房 三和酒類安心院葡萄酒工房
山ぶどうレアリティ	2016	岩手山葡萄100%	2013年68% 2014年32%	葛巻高原食品加工 葛巻高原食品加工
ひるぜん　赤	2015	蒜山　山葡萄100%	樽熟成	ひるぜんワイン ひるぜんワイン
君子谷山葡萄ワイン	2013	中国棘葡萄100%	樽熟成 アジアワインコンクール金賞	君子谷ワイナリー 君子谷ワイナリー

前編
日本ワイン
再発見

第10章

日本ワイン
再発見の“旅”

この第10章は著者の東北の旅を前に、作家太宰治の著書「津軽」に始まる太宰とワインの関係について、さらにこれまで日本のワイン史の表に現れなかった太宰の実家、津島家の縁戚である弘前の藤田酒造店の藤田葡萄園の存在、そして戦時中のNHKの山梨県甲府市の米軍機による空襲の誤った報道、その甲府に疎開中の太宰治がワイン三昧だったことなど、これまで余り世間に知られていない事実を書き添えます。

1 異説　近代日本ワインの先駆者

（1）太宰治とワインに注目

これまでわが国の近代ワイン造りの先駆者は周知のように、葡萄とワイン造りの父と呼ばれる新潟の岩の原葡萄園の創始者川上善兵衛である、としているのが日本ワインの歴史の定説となっている。

しかし、青森県弘前の造り酒屋、藤田葡萄園の６代目藤田半左衛門こそが、川上善兵衛以前に国内における欧米品種による葡萄栽培とワイン造りの先駆者ではないかと、著者は疑念を抱かせる動機を与えたのは、ほかでもない弘前出身の作家太宰治こと本名津島修治の著書『津軽』であり、著者が太宰治とワインの関係を調べ始めたことに端を発していたのです。

2017年３月、２か月後の５月中旬に久方に東北地方の葡萄栽培とワイナリーの関係者を訪ねるべく、その道標（みちしるべ）のために改めて弘前出身の太宰治の『津軽』を再読したのですが、その冒頭部分に太宰が旧制中学から弘前の高校生時代にかけて、頻繁にワインを飲んでいる記述に、著者の目は思わず釘付けになったのでした。

その『津軽』に注目せずにいられなかったのは、太宰の旧制中学の15歳の1923年（大正12年）から高校生時代の18歳の1927年（昭和２年）当時、大都会にあってもワインの飲用が珍しい時代に、東北の地方都市である青森と弘前で、学生の太宰がワインを入手すること、そして学生にワインを供するカフェや喫茶店の存在はかなり限定された環境条件下でのワイン飲用であることに気づいたのです。

具体的には、太宰の『津軽』のなかで、旧制中学時に弟礼治（当時確か12歳）と友人の3人で浅虫海岸の平たい岩の上で、ワインを飲んだことが記されていて、それがボトルであるか否かは別として、どこで入手したのか、またその後青森や弘前のカフェや喫茶店で度々ワインを飲んだと記述されているが、そうしたワインを飲むという行為を太宰に与えた文化的環境の背景に、著者は強く関心を抱いたわけです。だが、この太宰とワインについての接点の謎を解く鍵は意外にも早く解明しました。幸いにも古くからの友人で青森県北津軽郡の津軽葡萄楽園の須郷貞次郎代表に、著者が、太宰とワインの関係を問い合わせたところ、偶然にも須郷貞次郎が所持している著書『弘前・藤田葡萄園』（小野印刷企画部）の記述内容によって、太宰治の実家の津島家とワイン造りの弘前の藤田酒造店と縁戚関係にあることが判明したのです。このワイン造りの藤田酒造店と太宰の実家津島家とが縁戚関係にあることが若き日の太宰治がワインを嗜む環境の背景にあったことがわかったのです。

そして、その事実を確かめるために、5月中旬、旅の皮切りに青森県北津軽郡鶴田町を訪ね、真っ先に須郷貞次郎に会って著書『弘前・藤田葡萄園』を借り受け繙読することによって、"太宰とワイン"よりも、さらに重要な、これまでに日本のワイン史に表記されていなかった藤田葡萄園の存在そのものを知ることになったのです。

すなわち、1987年5月発刊の『弘前・藤田葡萄園』の著作者は6代目藤田半左衛門の孫にあたる藤田本太郎（東北女子大学教授）で、その父はワイン造りの藤田豊三郎です。豊三郎の妻いちは太宰治の実家、金木の津島家の出で、本太郎には母、太宰治には伯母に当たります。藤田葡萄園を開いた藤田酒造店は現在の弘前市のほぼ中央寄りにあったの

弘前・藤田葡萄園』の著書

に対し、太宰治の実家津島家は、地元青森にあっては有力な素封家であったが、北津軽郡金木村といういわば当時としては片田舎で、太宰治自身は勉学のため中学時代に青森、また伯母いちとの縁で弘前高等学校（現弘前大学）時代に弘前の藤田豊三郎家に寄宿し、本太郎と弟昌次郎兄弟と太宰治が仲良く生活していたことが他の書に記されています。

当時、東北を代表するワイン醸造家の藤田家と縁戚にあったことは、太宰とワインの関係を知るうえで無縁ではないことはこれによって明らかになりました。また、そうした背景が少年期の太宰治のワイン飲用にごく自然に向かわせたというのが著者の発見であり、著書『津軽』のワインの記述の内容の背景が解明できたと言えます。

（2）藤田酒造店のワイン造り

太宰治が昭和2年から5年まで弘前高校の在学中、弘前での寄宿先は既述のように伯母いちの嫁ぎ先藤田酒造店の当主、藤田豊三郎家でした。

この藤田家の初代半左衛門倫吉（1762年頃）は日本酒の造り酒屋を家業とし1813年（文化10年）4代目藤田半左衛門倫繁（号、閑夕）の遺訓「余財あらば地方の物産となる可き事業を興起す可し」に刺激された6代目半左衛門倫徳はワイン造りを志し、1883年（明治16年）にワイン用洋種葡萄ブラックハンブルク、ブレコースマラングルなどを弘前の自宅続きに藤田葡萄園第1号園として約3町歩を開園、1887年（明治20年）から1889年（明治22年）にかけて作出したワインを各地のワイン品評会に出品した事蹟が記録として残されています。

これに対し著者の調べに間違いがなければ、川上善兵衛は1890年（明治23年）に欧州系の葡萄栽培を始動し、ワイン生産は1893年（明治26年）とされています。これが事実であれば弘前の藤田酒造店より葡萄栽培で7年、ワイン生産で6年遅れての起業であることになり、日本における欧米系の葡萄栽培とワイン造りの先駆者は弘前の藤田半左衛門となり、これまでのワインの歴史の定説とは異なることになります。そして著者としては欧米系葡萄品種による葡萄栽培とワイン生産の国内での先駆者云々よりも、日本のワインの歴史をみる限り藤田葡萄園と藤田酒造店、また6代目藤田半左衛門の存在がまるで抹殺されたかのように表記されていない事実に大きな違和感を感じたのでした。

とはいえ、川上善兵衛は明治以降、マスカット・ベリーA、ブラッククイーンなど葡萄の新種開発の事蹟に加え、岩の原葡萄園が燦然として事蹟を積んでいます。

これに対し、一方の藤田酒造店は1950年（昭和25年）をもってワイン類の製造を中止し、1973年（昭和48年）には藤田葡萄園の第１号園、第２号園を閉園、またこの前年の1972年（昭和47年）に日本酒の製造を地元・弘前の川村、野村の酒造店と合同会社を設立、六花酒造として今日に至っています。つまり戦後の昭和20年代から昭和47年に何らかの事情で藤田酒造店は幕引きに終始したとみられ、日本のワイン史の上でその存在が希薄となり、ワイン関係者から忘れられてしまったというのが真相かとも思われる節があります。

（３）藤田家と川上家の交流

川上善兵衛は1966年（昭和41年）の著書『葡萄提要』のなかで弘前の藤田酒造店の石蔵について次のように記しています。

「本邦に於ける葡萄酒醸造場の現存するものの内最も早く築造せられたるものを札幌谷醸造場とす旧開拓庁の築造なり　（中略）　之に次ぐは青森県弘前市藤田氏の石蔵とす即ち明治17年の創造に係る其規模は札幌に比して小なれど　（中略）　近年之に隣りて増築せられたる石蔵と相俟ち頗る完全なるものなり而して広き操作場は石蔵に接続して平地に建設せられ諸般の設備完全にして最も清潔なるは余が大いに敬服するところなり」

つまり公的なワイン醸造場（札幌）に次ぎ、国内では藤田酒造店は石蔵のほかワイン醸造設備が完全であることを川上善兵衛が賞賛している。つまり何度か藤田醸造店を訪問していることになります。

これに対し、藤田家では川上善兵衛の人物評として

「川上が余人と違う点は、数多くの葡萄の改良に努め、作出したことにあった。マスカット・ベリーA、ブラッククイーン等数多くの交配種を生み出している。明治29年７月、川上は藤田葡萄園や醸造場を参観して藤田家の人びとと親しく談笑したり、技術交流を行うところがあって、それ以来親しくして６代目半左衛門等と親交を重ね、同志的つきあいを長く続けた」

とあり、両家が良き交流関係のあったことが伺えます。

（4）藤田家のワイン造りの終焉

昭和25年に藤田酒造店がワイン造りをやめた理由について色々な要因が考えられます。最大の理由としては、藤田葡萄園の３号園、次いで１号園、２号園と相次いで市街化と鉄道路線の工事区域に指定されたことにより葡萄園を極端に縮小せざるをえなかったという環境条件があげられます。しかし、これとは別に著者は豊三郎の精神的な葛藤によりワイン造りを断念したものと推測しています。

日本の敗戦が間近に迫った1943年（昭和18年）に軍事的活用のため国は葡萄の食用を禁じ、“葡萄は兵器なり”として、ワイン醸造による酒石酸を各地のワイン製造者に対し供出を求めるようになりました。

藤田酒造店もご多分に洩れず年間1000石を供出し、これは国内でも有数の産出量でした。

やがて終戦を迎えて間もない時期、敗戦の傷跡の復興を奨励するために全国を巡幸されていた昭和天皇が、昭和22年８月21日から22日にかけて弘前にお見えになり、その憔悴された御姿を間近に拝した藤田豊三郎は、家業とはいえ酒石酸を通して国家の軍事に加担したことへの改悛の念が深まり、その３年後の昭和25年にワインの生産を止めるという大いなる動機となったのではないかと著者は推測しているのです。

この豊三郎の改悛の情の底流には、６代目半左衛門の長男久次郎からやむを得ず末弟の豊三郎が家業を受け継いだものの、豊三郎自身は妻いちと共に昭和初期における青森県を代表する文化人のひとりでした。

妻のいちは既述のように太宰治の実家に当たる金木村の津島忠次郎の長女で、若い頃に琴を習っていたが藤田家に嫁いだ後は京都に通い、生け花と茶道の教授者となり、ことに茶道は青森県での裏千家の初の教授となりました。また、豊三郎も若い頃から向学の志が強く、工芸の才があり、彫刻家を志望し能書家でもありましが、家業を継いでからは余暇に漢詩と尺八を趣味としたほか、生涯を通じて蔵書に精を出し、特に清朝の詩書は、没後に財団法人「東洋文庫」に寄贈したほどでした。

藤田豊三郎

こうした芸術家肌の豊三郎は、妻いちの親族である太宰治を自宅に喜んで止宿させました。芥川龍之介が自殺したことに刺激された太宰が、止宿中に自殺未遂事件を起こした際には、家族に手厚く介護させ、太宰の母親に急報したほか、高校生の太宰に小唄や和服の着付けを教えるなど太宰をいろいろ贔屓にしていたのです。

また、豊三郎の長男、『弘前・藤田葡萄園』の著者本太朗は京都大学文学部卒業後、弘前中学、弘前高校の教師を経て東北女子大学の教授を務めました。また次男の昌次郎は京都大学工学部卒業後海軍の技術部の将校として零戦戦闘機の設計にたずさわり、戦後は日産自動車、鬼怒川ゴムの役員を務めています。つまり藤田豊三郎一家は平たくいえば当時東北を代表する知識的、文化的素養に富む家族であり、そうした精神文化が、戦時中の酒石酸による軍事的加担、そして子息の特攻機の製造の従事などに加え、市街化による葡萄園の縮小などのハードルが積み重なり、ワイン生産の中止の道を選んだのではないかと推測しているのです。これはあくまでも著者流の推測ではあります。

藤田本太郎は著書『弘前・藤田葡萄園』の最後にこう述べています。

「わが国のワイン業界は、終戦後しばらくの間、その出直しに暗中模索を続けていた。ようやく長いトンネルを抜け出して前途に光明を見出したのは、昭和20年代の末頃であった。良質のワインが生産され出したのである。その後ワインの質は年を追い向上し、30年代になると続々と新ワイン会社が各地に設立されるようになった。
せめてその頃まで醸造を絶やさないでおれば藤田酒造店のワインにも再生の機会はあったろうと思うのだが実際にはこれより先20年代半ば、清酒業界の絶頂期において、ワインの製造は打ち切りとなっていたのである。明治８年（1873年）、６代目半左衛門以来、80年におよぶワイン醸造の終焉であった」
さらに「あとがき」でこう結んでいます。
「政府の奨励とも相俟って今日各地で洋種葡萄の栽培、ワインの醸造に取り組む人びとが続出した。著者の祖父藤田半左衛門もその一人で、久次郎、和次郎の2子を督励してワイン業を興し、国富の推進に向かって邁進していたのである。藤田葡萄園の展開に当たり、その心意気を示した半左衛門の歌がある。

えびかつら　木霊（こだま）もあらば国の富む
数にもなりねと　植えし此園

ワイン業を成業させたことは北陸の岩の原葡萄園を立ち上げた川上善兵衛とならんで、わが国ワイン史の1頁に名を記されるべきであろう。
（中略）
ここに開業以来の先陣の奮闘をしのび（藤田酒造店の）その業績をたどったのがこの書である。わが国のワイン史には、いまだ定本というものがない。他日誰かがその欠を補うにあたり、本書がその時の一資料として、役立てば幸いである。」

2 甲府への米軍空襲と太宰治

（1）葡萄は兵器

2017年８月の確か18日であったと記憶します。

NHKの終戦記録のドキュメンタリー番組の放映として、「甲府市に米軍はなぜ爆弾を投下したのか―」というような内容のTVのタイトルを偶然目にしたのであるが、著者としてはその瞬間、前項に記述した弘前の藤田酒造店が体験した“酒石酸”にあると結論づけて、TV画像に見入ったのでした。

ところが驚いたことに、このNHK TVの最終の結論が甲府の爆弾投下による空襲は“米空軍の遊びであった“としているのでした。そのTVの内容は、甲府在住の某が、軍事基地や軍需工場の無い甲府に、なぜ米空軍が空襲を続けたかと疑問を抱き、長年にわたりその理由の調査を続けてきたが、その確証が得られず、結局、米国が世界最大の空軍力を保持していることを内外に誇示すること、または米空軍の遊びであった、というような結論に至ったとしているのであった。

この結論づけに著者は唖然としました。米空軍のＢ29爆撃機の基地がハワイかグアムかは別としても、遥か太平洋上を命がけで飛来して250トンもの爆弾を甲府周辺に投下した軍事行為が米空軍の遊びであった、とは信じがたい行為であり軍事作戦です。

NHKの同番組をワイン関係者の何人かが興味を感じて視ていたことで後で知ったのですが、著者と同様に皆が不可思議な放映であった、との感想を吐露していました。当然です。

昭和53年３月に出版された山梨日日新聞社刊の『葡萄酒物語』の記述のなかの、「戦争と葡萄酒」の項で、“葡萄は兵器だ”“全国から酒石の結晶体”と記述されていて、昭和18年から20年にかけてワイン醸造による酒石酸加里ソーダが国家存亡にかかわる重要な近代化学兵器になると、海軍当局が甲府のサドヤ醸造場をはじめ山梨県下のワイン生産業者に酒石酸の供出を命じたのは明らかな事実です。県立ワインセンター調べで昭和18年＝5,705キロリットル（工場数143）、昭和19年＝11,556キロリットル（工場数149）、昭和20年＝1,742キロリットル（工場数177）と記録されている。

“ブドウは兵器”とのポスターは生産地の各所に張られたのが昭和19年３月で、米空軍機の日本本土空襲が始まったころにはサドヤ醸造場内に海軍技術研究所甲府分室までが設けられていたのです。

このような日本国内の実情を、終戦に至るまで米国の国防総省や情報機関が全く知らなかったと、甲府在住の某やNHKが断言できるのか―。

酒石酸の軍事目的のための葡萄の国内の一大生産地が甲府近在に存在している事実を知っていた米空軍は富士山を目標に太平洋を横断し、甲府に爆弾を投下したことは、軍事通でなくても当時の多くの国民が承知している事実です。

ではNHK甲府支局はなぜ米空軍機の甲府の空襲を“遊び”と結論づけたのか不可思議千万です。もちろん、山梨県甲府に隣接する葡萄の一大生産地勝沼が今日も日本を代表するワイン生産地であることが、NHKの真実の報道を躊躇させたとしたなら、むしろこの番組の放映を中止すべきであったと著者は考えます。確かこの番組の制作に３年かけたと伝えていたが、そのスタッフの努力を無にすることが出来ずに、番組の結論をあやふやにして放映したとしたならば、なおのことNHKの公正な報道の義務を犯したと言えましょう。

前項の弘前の藤田葡萄園の藤田酒造店の当主が、戦前の東北最大の酒石酸の供出に、戦後悔悟の念を抱き、ワイン生産を中止したのではないかとの、著者の独断と偏見による推測の例は別にしても、国策として協力してきたワイン醸造家の立場を考えるとき、その時点での善悪を超えてその真実を報道すべき公共放送のNHKのこの放映は、著者としては許しがたい行為であったと考えているのです。

（2）太宰治、甲府で葡萄酒三昧

太宰治の旧制高校生の折りの寄宿先の縁戚、藤田豊三郎家が国策の協力のためワイン醸造による酒石酸の供出に追われている時期、その事実を知っているのか知らずにいるかは別として、東京の三鷹から妻の実家の甲府に疎開していた太宰治37歳、昭和20年のことです。

太宰治

山内祥史編による『太宰治に出会った日』（ゆまに書房、1998年）のなかでの村上芳雄の「太宰と甲府（抄）」の中に次のような記述があります。

「当時は空ビンがないと、どこのなじみの店でも葡萄酒さえ飲ましてくれなかった。その葡萄酒でもよほどの顔なじみでないと断られた。太宰さんは日の浅い疎開者だったが蛇の道はヘビで、長年住みなれているぼくより顔が広かった。たいていの店で２、３本飲ましてくれた。ビールや酒のときもあれば葡萄酒だけのときもあった」

また同じ20年の山内祥史の『太宰治の年譜』（大修館書店、2012年）によれば、太宰が甲府滞在中の6月下旬、無頼作家の1人で、太宰治に強い影響を受け、太宰の自殺後に三鷹の禅林寺の太宰の墓前で自殺をはかった田中英光が太宰を訪ね、甲府城跡の濠端の料理旅館「梅ヶ枝」で４日４晩飲み続け、生葡萄酒２斗（ワインボトルで約50本）を飲み干した。そののち次々と東京から客が来て、その相手で（太宰が）酒びたりであったとの記録があります。

（3）太宰、井伏と葡萄酒で文学談

井上芳雄によると20年７月７日未明、甲府が焼夷弾で焼かれる２日前の夜の事である。

「甲府から１里ほど東京に寄った酒折に疎開中の井伏さん（作家の井伏鱒二のこと）と３人（太宰治と井上芳雄）で駅裏の“峠の茶屋”という、ぼくの友人の妹がやっていた飲み屋で葡萄酒を飲んでいた。空襲警報中

のこととて、ぼくらは暗い電灯の下で文学談をやっていた」
　以上の昭和20年の太宰治の挿話は、酒石酸の供出に本来の主と従が逆転して、従となったワインが山梨県を中心に大量に出回ったことが浮き彫りとなっている。また米空軍機によるしつこいほどの甲府周辺への空爆が続いていて、これがNHKによる米空軍の“遊び”であるとの放映への著者の疑問が理解できましょう。

　さて、著者の2017年３月の東北への旅の序章、太宰の著作『津軽』の再読から始まって、『弘前・藤田葡萄園』を繙読することにより６代目藤田半左衛門が川上善兵衛と軌を一に欧米種葡萄によるワイン造りに明治20年前後に精を出していたことを再発見することが出来たことは“旅”による成果ではなかったかと自己満足しているのです。
　まさにニーチェの「人生を最高に旅せよ」につきます。

中編

ワイン造りと
葡萄栽培の現場

第11章

理想的なワイナリーの代表

中編　ワイン造りと葡萄栽培の現場

現在、国内で大小250を超すワイナリーが稼働しているなか、再来年の東京オリンピック開催を控え、2019年から2023年にかけて300を超すワイナリー数となり、日本のワインの歴史上、まさにワイン生産の絶頂期を迎えると云えるほどの熱い気運にあります。

そうした気運とワイン自体の国内の普及は、他のアルコール飲料がとかく味わいとは別に、酔うことを主眼にした飲料であるのに対し、ワインは人体に有益な健康的なアルコール飲料であり、料理と共に心地良く飲むことが出来て女性にも特に好まれる飲料でもあって、地球規模での嗜好飲料であることに、著者は無論大歓迎です。

このワイナリー増大の背景となるワイナリーの存立と、その目的としては、

1、家業である。

2、ワイン好きが昂じての起業。

3、地域活性化の第三セクターとしての起業。

4、地域でのワイン特区内での起業。

5、他起業からのシフト。

など様々な要因が挙げられます。

その存立と目的とは別にして、本項「中編」の“ワイン造りと葡萄栽培の現場”に登場するワインの“匠”と葡萄栽培の“達人”は、ワイナリーの大小と知名度の大小とは全く関係なく、自然派のワイン造りとしての時代的意義とその進化を目指した理念をもとに、真摯に取り組んでいる挑戦者のみを記述することにしました。

無論、著者の独断と偏見と映る向きのあることは充分に承知した上での現場の選択です。

ともすれば日本のワイン業界と、それを取り巻くメディア及び業界紙の偏向、そして一部に存在する“力”にこびることなく、多くの人々に飲まれ愛される“顔の見える”ワイン造りに邁進する“匠”たちに寄りそうこ

とが著者の願いです。

狭い日本の国土でのワイン用の葡萄栽培に不向きな条件下にあって、我が国土に添った日本人の口に合うワイン造りこそが、日本ワイン造りの原点であり、源流であり、伝承的な流儀でもあると著者は考えています。

本項中編の第11章は、ワイン造りに理想的な葡萄畑と（所有者はこころみ学園）利便性に富むワイナリーを所有し、秋の収穫祭には２日間で約２万人近いワインのファンが押し寄せる足利のココ・ファーム・ワイナリーを、国内での最も理想的なワイナリーの代表的な存在として取り上げてみました。

第12章は、北は函館から西は岡山の地元栽培の山葡萄100％の原料により良質なワイン造りに傾注している９ワイナリーを紹介します。

第13章は山葡萄交配種のなかにあって、近年にわかに注目されている「小公子」（注50）に絞り、小公子を原料として優良なワインを作出中の６ワイナリーを記述します。

山葡萄交配種によるワインの作出には、マスカット・ベリーA、ヤマソービニオンなどもありますが、この２品種は国内においてすでにメジャー化していて大中のワイナリーが原料として使用し知名度も高く､本項の紙数の関係から敢えて省くことにしました。

著者としては、後述する足利のココ・ファーム・ワイナリーの池上知恵子の信条「葡萄がなりたいワイン」造りこそが、本来のワイン造りの理想であって、いつまでも欧米のワイン造りの真似事であっては可笑しいと感じている一人です。そろそろ日本国

（注50）
小公子
40年以前にワイン醸造用山葡萄系交配種として澤登晴雄が開発した。本場ヒマラヤ系種と岩手山の山葡萄、欧州系品種との交配種とされる。
小公子がワインとしてリリースされたのは1987年（昭和62年）で、栽培地は山梨県牧丘で晴雄の弟澤登芳によって有機、無農薬で栽培育種された原料により作出された。栽培地の北限は北海道名寄。近年国内での需要は高まり全国ブランドとしてワイナリーと受飲家の間で好評を博している。

土での日本独自の本格的なワインがデビューしても良い時期ではないかと考えています。そして、その個々のワインが、100年後、300年後に品質と価格の両面で、多くの人々に支援され、愛され、飲まれるワインのみがゴール地点に近ずくものと信じているのです。

有限会社ココ・ファーム・ワイナリー

〒326-0061　栃木県足利市田島町611
電話　0284-42-1194
専務取締役　池上知恵子
「社会福祉法人こころみる会理事長」

●プロローグ
日本ワイン造りのパイオニア的存在
－福祉事業と“二刀流”の挑戦－

国内の数あるワイナリーのなかで、一貫してバランスのとれたワインを作出しているワイナリーの筆頭に挙げるのは、ココ・ファーム・ワイナリーであることは、ワイン関係者の誰れもが認めるところです。

「ココ」の専務池上知恵子とは何年か前から電話でのやり取りはありましたが、本書の取材にあたって「ココ」のデザートワイン“マタヤローネ”のネーミングの命名の由来を池上から直に聞いて感銘を覚えた著者は、時をおかずに足利の「ココ」に出向き、初めて池上に会って意外に思ったことがあったのです。

それは池上に抱いていたイメージとは大変違っていたからである。作出するワインの数々のネーミングの命名の特異性から、詩的人物と予想していたのですが、一方で、これまでの福祉事業運営の手腕は別としても、ワイン造りに賭けた多くの事績に、やり手の女将（マダム）とのイメージを抱いていたからです。しかし、会った瞬間、失礼になるかもしれないが、小柄で女人としてのつつましやかのなかに聡明さを内在していて、例えは悪いが“百聞は一見にしかず”の感を覚え、足利まで足を伸ばした甲斐があったと思ったのでした。

そして思わず５時間も長居して足利のワイナリーを去る際に、他誌の情報で知った「葡萄のなりたいワイン」と、自然に寄り添う形での本来のワイン造りをモットーとする池上に、ワインの外野的存在の研究学徒である著者との立場の垣根を取り払い、「もう少し早くお会いしていたら…」との池上の言葉のうちに、確かに互いの持時間のうえで（ことに著者は）ワインについて語り合う多くの時間の無いことを自覚するにやぶさかではありませんでした。（ちなみにMVマタヤローネのネーミングの命名に著者が感銘した理由は、後述⑥の“著者おすすめのワイン”の（４）に記述する）

1958年（昭和33年）に計算や読み書きが苦手な少年たちと、池上の父君川田昇が急斜面の山林を切り開き開拓した地に600本の葡萄を植樹。1969年にはこの山の麓に知的障害者を支援する「こころみ学園」が誕生しました。“こころみ”は“試み”で、何事にも新たに挑戦する意味を含めて池上の父が命名したのではないかと察します。また、この“こころみ”と“此処”をファームとしてワイン造りのワイナリーをプラスして池上自身が命名したものと推測しています。

こころみ学園には、現在150名が在籍し、園生は「ココ」での葡萄栽培やワイン造りに従事しています。ワインは実は25銘柄以上を作出していますが、銘柄数の多い理由には池上たちのワイン造りの理念の一つでもある、「適地適品種」によるもので、銘柄別の生産数は少なく、丁寧に仕上げているのがココ・ワインの特徴と言えます。

池上にこうしたワイン造りの事績を後押ししたのはほかでもない、障害者支援の福祉事業であり、推測される紆余曲折の体験がプレッシャーでは無く、バネとなって喜びとして前向きに歩んできたことが、他の福祉事業や他のワイナリーとの有り様が大きく異なる点であると考えられるのです。
さらに国内でいち早くマスカット・ベリーA、小公子、リースリング・リオンなど国内で開発された山葡萄交配種及び在来種との交配種に着目。また、世界中から探した日本の気候に合った葡萄栽培に着手して、純正な第一級ワインを作出してきた事実をワイン関係者は見逃してはならないのです。つまり日本ワイン造りのパイオニア的な存在であるということです。
障害者支援施設とワイン造りという“二刀流”を見事に成功させた実績に対して著者は素直に頭が下がる思いです。
こうした実績を本文で追いながら、「ココ」のワインのさらなる進化と発展と共に、池上には願わくば今後、ワイン業を営むないしは志ざす後輩へ、実践と持つべき理念の指導を担って貰いたいものと著者は勝手に考えているのですが―。

1 山林開拓からのスタート

他のワイナリーの起業時の多くが作物を栽培する田畑や農園を利用しての葡萄の栽培であるのに対し、ココ・ファーム・ワイナリーは違います。歩みの概要を記述すると。
前項のプロローグで記述したように1958年(昭和33年)に、池上の父、川田昇が特殊学校の子供たちと山奥にあった勾配38度の山林３haを２年がかりで開拓。最初は生食用葡萄を、３年後には現存する最も古い樹齢のマスカット・ベリーAを植樹することに始まりました。
この地を葡萄と椎茸の栽培地とし、1969年に知的障害者更生施設「こころみ学園」を開設。その11年後1980年に有限会社ココ・ファーム・ワイナリーを設立、次いで３年後に隣接の佐野市赤見1.2haの葡萄畑の開園にこぎつけ、翌年の４月には晴れて醸造の認可を得、秋には初のワインを生産。11月に第１回の収穫祭を開催するはこびとなったのでした。それは1984年のことで、山林の開拓から26年目の苦労を経ての成果でした。

昨年2017年は34回目の収穫祭を迎え、1万4千人近くの来客がありました(カバー裏の写真)。1年に一度のワインの収穫祭のイベントに遠近からのココのファンが参加し無事終了に至る企画、生産、営業、サービス等のきめこまかな対応にはなみなみならぬ尽力を必要するものと推察できます。

2 植樹拡大の推移

現在自家畑としてはココ社屋前の斜面のマルサンと開拓園など、既述の佐野市の赤見のほか、田島町内のテラスヴィンヤードと田島川右岸とフリゼヴィンヤードの５ヶ所約６haを保有し活用しています。

自社の葡萄畑は前述のように今から57年前の1961年に川上善兵衛の開発したマスカット・ベリーAを、また1999年には著者が現在顧問を務める日本葡萄愛好会の、奇しくも同じく57年前に創設した恩師の澤登晴雄が開発した山葡萄交配種小公子を、さらには遡って1987年に甲州三尺とリースリングとの交配種リースリング・リオンを植樹栽培してワイン造りに貢献していますが、これらマスカット・ベリーA、小公子、リースリング・リオン３品種は日本で育種されたワイン用葡萄であり、今後これらのワインが国際的に評価される日は近いものとみられます。

契約栽培による主なワイン造りには、甲州を山梨県勝沼、ピノ・ノワール、シャルドネ、ケルナー、ツヴァイゲルトを北海道余市から調達しています。長野県、山形県、埼玉県そして栃木県にも優れた契約栽培農家がいます。

年代別による主なワイン用葡萄品種と自家畑の概要は次の通りです。（その後若干の変更あり）

◎1961年　マスカット・ベリーA「マルロク」

◎1984年　マスカット・ベリーA「佐野市赤見」

◎1987年　マスカット・ベリーA、リースリング・リオン「開拓園」

◎1999年　小公子「佐野市赤見」

◎2000年　ノートン「マルサン」

◎2002年　ノートン　ヴィニョール「田島町田島川右岸」
◎2006年　プティ・マソサン「マルサン」
◎2007年　タナ「佐野市赤見」
◎2012年　マスカット・ベリーA、リースリング・リオン「田島町内テラスヴィンヤード」

3 国境を越えて提供されたワイン

国際会議の夕食会で採用

（1）2000年（平成12年）7月。スパーリングワイン「1996NOVO」が九州・沖縄G8サミット晩餐会で供された。

「NOVO」リースリング・リオン種を原料に膨大な時間と手間をかけた逸品。

（2）　2008(平成20年）7月。赤ワイン「2006風のルージュ」が北海道洞爺湖サミットの総理夫人主催の夕食会で供された。

「風のルージュ」風吹き渡る醸造場の作、北海道余市のツヴァイゲルト主体のバランスのよい赤ワイン。

（3）　2016年4月、スパークリングワイン「2012北ののぼ」がG7広島外相会合の岸田大臣夫人主催の夕食会の“乾杯”に供された。

「北ののぼ」は、原酒（キュベ）を北海道よりワイナリーに運び、王冠瓶詰後、瓶内二次発酵。ピノ・ノワールとシャルドネからなる冷涼な気候を反映した北国の逸品。

国際線機内やラウンジで採用

（4）　2013年12月から翌年2月まで、白ワイン「2012足利呱呱和飲」が国際線ファーストクラスラウンジで供される。「足利呱呱和飲」略して“あしここ”(Ashicoco）は甲州種主体、やや甘口の白ワインで素朴なフレッシュ感あり。

（5）　2015年3月から2016年2月に、国際線ビジネスクラスで「2013足利呱呱和飲」が供される。

（6） 2016年３月から５月に白ワイン「こことあるシリーズ／2014ぴのぐり」、さらに5月から翌年２月に白ワイン「2014月を待つ」と「2015月を待つ」が国際線ファーストクラス機内で供される。

ワイナリー内の地下シネマ（映写室）

「こことあるシリーズ／ぴのぐり（Pinot GRIS）」は、北海道余市のピノ・グリ種の葡萄をココの取締役ブルース・ガットラヴが10R（トアール）ワイナリーで仕込んだ軽やかな白ワイン。Grisとはフランス語で灰色のこと。

「月を待つ」は、北海道余市のケルナー種の白ワイン。ネーミングの由来は後述。

（7） 2017年３月～5月、赤ワイン「2014風のルージュ」が国際線ファーストクラスラウンジで、2017年３月～10月、白ワイン「MV風のエチュード」が国際線ファーストクラス機内で供される。

「風のルージュ」、本項（2）に記述している赤ワイン。「風のエチュード」、赤ワインの「風のルージュ」の伴侶と云える。練習曲エチュードのようにその年ごとに異なった自然の味わいを楽しめる白ワイン。シャルドネ主体の辛口。

（8） 2017年９月～2018年２月、「2015農民ロッソ」が国際線ビジネスクラス機内で供される。

（9） 2017年11月～2018年２月、「2014甲州F.O.S.」が、2018年３月～９月、「2016風のエチュード」が国際ファーストクラスで供される。

（10） 2017年６月～2018年５月、「2015 Ashicoco」が国際線ファーストクラスで供される。

④ 社会貢献の事績

2002年に第1回の渋沢栄一賞を授賞しました。この賞は福祉や教育などの社会貢献に尽力する企業家のあるべき姿を示すために設けられたもので、渋沢栄一の精神を今に継ぎ、全国の企業経営者の範を表彰していて、2016年までには15回を迎えています。

発酵樽

2006年　第1回ソーシャル・ビジネス・アワード　ソーシャル・ベンチャー・ビジネス賞を受賞。

2007年　デザイン・エクセレント・カンパニー賞受賞。

2008年　東京農業大学経営者大賞を受賞。この賞は東京農大から実業界で活躍する卓越した校友（OB）に授与する賞です。

2010年　吉川英治文化賞を受賞。この賞は公益財団法人「吉川英治国民文化振興会」が主催、講談社が後援、日本の文化活動に著しく貢献した人物、グループに贈る文化賞。

こうした個人と法人の顕彰は、優れたワイン生産事業と共に、福祉事業に対する多大な貢献とを併せた企業家本来のあるべき姿への模範の“ご褒美”であって、国内の数ある企業のなかで、突出した努力と発想、感性とを持ち合わせているココ・ファーム・ワイナリーならでは功績と考え、著者は素直に賞賛し喜びを感じているひとりです。

⑤ 自然に寄り添う“自然派ワイン”

ココのワインを、ココ自体は声高に“自然派ワイン”であると主張してはいません。しかし、ココのファームとワイナリーの有り様を知る誰れもが、ココのワインが自然派ワインであることを承知している筈です。

ココは葡萄からワインを造る際の酵母はほとんど自然酵母のみを使用しています。そのために同じ葡萄品種から造るワインでも毎年味が違うのは当然です。

繰り返しますが、60年前に山林の開拓から始った葡萄栽培は、除草剤や化学肥料を使わず、農薬も極力控えた果実からのワインの誕生は喉ごしに優しく､体内に素直に浸透していく味わい。

醸造責任者の柴田豊一郎は同社の自負する「葡萄がなりたいワイン造りには、自然に寄り添い、葡萄の声を良く聞き、“見守る”こと」と言う。酸化防止剤の添加も日本の食品衛生法の使用基準の約10分の１以下であり、世界的なオーガニック全体の基準をクリアーしている。

また葡萄の収穫にはこころみ学園の園生も手伝い、一粒一粒丁寧に選果した葡萄を野生酵母で発酵させ、乳酸発酵も野性乳酸菌で行ない、清澄と濾過も極力控えての醸造過程に徹しているのです。

つまりココのワインは、敢えて自然派ワインを主張することなく、自然に寄り添ったワインであることを多くを語らず、控え目に発信していると言えます。

6 著者おすすめのワイン

ココのワインは著者的にはどれもが口に合いますが、敢えて“これぞ”と､おすすめするのは｢第一楽章｣｢NOVO｣｢のぼっこ｣｢MVマタヤローネ｣「甲州F.O.S.」を挙げたいです。だが考えてみると、この５銘柄全てが、日本人の手で日本で育種された葡萄品種によってワインに仕立てられていることに、偶然の選択であるが著者自身が驚きを禁じえません。つまりは日本ワインの源流が主体であり、この葡萄４品種により醸造の進化によって日本ワインのさらなる上級ワインの作出となり、日本のワインの未来が約束されるものと期待されるのです。

（1）「第一楽章」

「第一楽章」は周知のように20世紀に新潟の葡萄栽培家川上善兵衛が開発した、日本の気候に合わせた交配種マスカット・ベリーAを原料にしている。

近年は山梨を初め国内のワイナリーが日本ワインの生産に精を出していて、赤ワイン造りにマスカット・ベリーAをこぞって利用していますが、ココは既述のように57年前の1961年にはいち速く、この品種の栽培に着手し、その後も増殖して長い間研究を続けて本家の川上善兵衛の「岩の原葡萄園」をさておいても、同品種の個性を充分に承知しての醸造を進めてきた経緯があるのです。

「第一楽章」のネーミングは“これから始まる最初の素敵なこと”をイメージして命名したそうです。

20世紀の終わりにココで初めて野性酵母で発酵させたのはこの「第一楽章」。こころみ学園の葡萄畑山頂の開拓園のマスカット・ベリーAは、収量を制限、収穫時期も晩秋ぎりぎりまで待っての収穫。

深い味わいと長く続く余韻は、他のワイナリーのそれには無い至福を著者に与えてくれる逸品です。

（2）「NOVO」

「NOVO」はリースリング・リオンを原料に瓶内二次発酵で造ったスパークリングワインです。

リースリング・リオンはこころみ学園の急斜面の葡萄畑で栽培している品種で、国内でサントリーが開発したドイツのリースリングと甲州三尺との交配種。

ワイン自体は大量生産は行なわず、すべて手作業により野性酵母で発酵させ、瓶内での二次発酵には特別に選別された乾燥酵母を添加して発酵させています。ステンレスタンクでオリと共に約６ヶ月熟成。その後ティラージュビン詰し、瓶内二次発酵が行なわれている間約37ヶ月、酵母とオリと接触させながらの熟成を続けています。

1996年の “のぼドゥミセック”が九州・沖縄のサミットの晩餐会で供されて一躍脚光を浴びたことは既述のとおりです。ネーミングの「NOVO」は、ラテン語の「新に」「再び」の意味で、こころみ学園の創設者、川田昇の幼年期の愛称であったそうです。
「NOVO」を正月に家族と一緒に開けたのはよいのですが、用意したその後のワインが物足りなく全然進まず、他のスパークリングワインには無い日本ばなれした深い味わいを2018年著者は改めて知りました。

（3）「のぼっこ」（NOVOCCO）

原料の小公子は既述のように著者の“師”で、57年前に日本葡萄愛好会を創設した澤登晴雄が作出した山葡萄交配種。
こころみ学園は1999年、今から19年も前に佐野市赤見の葡萄畑に小公子を植樹、以来、ココは小公子独自の個性を良く承知しています。
毎年11月に新しく生まれ泡立つ新酒ヌーボーです。製造過程は葡萄を房ごと搾り、ジュースをステンレスタンクに入れ、自然の野生酵母により、発酵が始まるのを待ち、約15〜20度摂氏を保ち濾過せずに瓶詰します。酸化防止剤無添加のため要冷蔵。
「のぼっこ」のネーミングは前述の「NOVO」の “子”の意味か。
味わいはフレッシュでフルーティーな香りにバランスのとれた酸味のさわやかさが特徴。
小公子によるワイン造りは現在国内で18のワイナリーが挙げられますが、微発泡のスパークリングがワインタイプの作出は「のぼっこ」と福井県の白山やまぶどうワインの２社のみです。

（4）「MV マタヤローネ」

イタリアのヴェネト州ヴェローナの陰干し葡萄のワイン「アマローネ」は世界中のワインファンが愛してやまず、著者もそのひとりです。
ココの「マタヤローネ」の呼称が、余りに「アマローネ」に似ていることから池上専務にその由来を質したことから、前述のように急に思い立ってココのワイナリーを訪ねた経緯があります。

「夕方に、疲労のなか瓶詰を終えたこころみ学園の園生のひとりが、“またやろうね”と言ったひと言」が、このデザートワインのネーミングとなったと聞きました。イタリアのレチョート方式に敬意を表して造られています。

「マタヤローネ」はマスカット・ベリーAによる甘口のデザートワインで、10月中旬に収穫し、干椎茸用の乾燥機で乾燥した後、高い糖度のためゆっくり発酵し熟成するワインを約4年後に瓶詰します。発酵終了後、澱引せずに熟成期間は2010年が55ヶ月、2011年が44ヶ月、現在から20～30年後の長期熟成が可能だとのこと。

ソフトな香りに上品な芳香と甘味が心地良い余韻となって体内を巡る。

（5）「甲州F.O.S.」

「甲州F.O.S.」は「Fermented On Skins」の略で「果皮の上での発酵」の意味。

原料は山梨県勝沼の甲州種。まるで赤ワインを造るように葡萄の果皮と種を一緒に発酵させるため白ワインでありながら茜色のオレンジ色に近く、複雑なアロマを有するワインに仕上がっています。甲州種の自然の持ち味を引き出しています。

「甲州F.O.S.」は自然派ワインのファンから「フォス」の愛称で呼ばれています。

従来の甲州種の白ワインとは異なり、原料が甲州種を忘れさす柔らかな渋味があとを引く逸品となっています。さわやかなオレンジ色がグラスを透して美しい。女性のファンが増すものと感じられました。

7 ネーミングの面白さと楽しさ

ワインの銘柄のネーミングは、数多い葡萄の品種と各ワイナリーのそれぞれの呼称により、ワインファンとしては覚えきれないのが普通です。しかし、一度飲んだワインが味わいと共に、個人の心の琴線に触れ、長く記憶に残るワインのネーミングは社運を賭けるほどにワインの造り手にとって重要なものであり、面白さと楽しさを兼ねそなえていると著者は考えています。

ワインの世界とは別にしても、その真価の例として、幼い頃に歌った童謡、「カラスの赤ちゃん」や「月の砂漠」を聞くと、曲と共にその歌詞の何らかの背景が頭に浮かびます。また「荒城の月」といえば滝廉太郎、滝廉太郎といえば「花」で春の隅田川の情景が頭をよぎります。

こころみ学園の栽培葡萄と契約先の葡萄とキュベ(原酒)によって作出されるココのワインのネーミングは全て、著者の勝手な推測では、池上のそれぞれの葡萄とワインが抱えている詩的情景と感情のイメージや何らかの直感的描写の発想が原点にあるのではないかと思っています。

海外の例では、イタリア、ラツィオ州の白ワインはラテン語の"ある"を意味している「エスト！　エスト！！　エスト！！！」などはつとに有名です。また、フランスでは伝説となっている今から125年前の1893年と56年後の1949年にワインの歴史に名を残しているサンテミリオンのシャトー・シェヴェル・ブラン「白い馬」が挙げられます。

ここでココのワインのネーミングとその由来を紹介しましょう。

「陽はまた昇る」(Here Comes The Sun)

2011年の東日本大震災の年に初めて瓶詰した赤ワインで、原料は山形の上山、長野の高山、栃木の足利など東日本の葡萄を使用している。原料はタナとカベルネ・ソーヴィニヨン。「朝のこない夜は無い」とココとこころみ学園の万感の思いを込めたネーミング。

「月を待つ」

北海道余市のケルナー種の葡萄を原料にした白ワイン。北国らしい酸味と花の芳香を持つ「月を待つ」の命名の由来－江戸時代に隣町の佐野に生きた清貧の儒学者、中根東里（1694～1765年）の「出る月を待つべし。散る花を追うことなかれ」から付けられた。

「ロバの足音」

イタリアのトスカーナ地方で造られる甘口のデザートワイン、ヴィン・サント（Vin Santo）に学び、甲州種を原料に水分を飛ばし、凝縮した果汁を発酵させて琥珀色に作出した逸品。ネーミングは、晴れた田舎の昼下がり、畑の砂利道を荷物を背負ったロバが、ポコポコと歩いている—、そんな素朴な風景をイメージしたもの。

「農民ロッソ」

メルロー、カベルネ・ソーヴィニヨンなどボルドーの品種を主体にした赤ワイン。ロッソ（Rosso）とはイタリア語の赤のこと。「農民ロッソ」「農民ドライ」のネーミングの由来は、雨の日も風の日も、一年中空の下で葡萄を栽培する人々に敬意を表して名付けられた。

「農民ドライ」

シャルドネ、ミュラー・トゥルガウ、ソーヴィニヨン・ブランなどから作出した白ワイン。ドライ（Dry）は英語の辛口のこと。凛とした小粋な味わい。

「山のタナ」

赤ワイン用のタナ種はフランス南西部でよく栽培されている。タナというフランス語の品種名は独特の渋味を持つ。こころみ学園の自家畑の山の斜面や、山形県の上山で育てられている“山”と“品種”を合わせたネーミング。

「こころみノートン」

赤ワイン用のノートン種はヨーロッパの移民がアメリカ東海岸に広めたといわれる品種。この品種を日本で初めてこころみ学園の葡萄畑の中腹に植樹。雨や夏の高温にもめげず丈夫に育ち、麓のワイナリーで野生酵母で発酵させ、熟成はフレンチオークで７ヶ月。溌剌とした酸味が特徴。ミデイアムボディのこの赤ワインは、そのものズバリの品種名に命名した。

「あわここ」（Our coco）

微発泡の白ワイン。「のぼっこ NOVOCO」が赤ワインの微発泡ワインであるのに対し、「あわここ」は甲州種を原料の白ワインタイプ。ネーミングは“ココ”と“こころみ学園”のぼくら（Our）と泡をかけたもの。

8 ココとこころみ二刀流の立役者

これまでワイン生産者としてのココ・ファーム・ワイナリーの歩みと、その存立の特異性、さらに作出されているワインについて記述してきました。

本項では多くの人々の理解を得るべく、ココの背景にある「こころみ学園」と、決して順風満帆ではなく今日に至った逸話を含め、また僭越と心得ながらも、福祉事業とワイン造りの企業の両輪を束ねる船頭役、池上知恵子の理念など推測を混じえて、少し立ち入った視点より見詰めてみたいと思います。

（1）施設造りの当初は自前

こころみ学園の生い立ちは繰り返しますが、中学の特殊学級の教員で池上知恵子の父、川田昇が今から丁度60年前に、特殊学級の生徒たちと共に急勾配の斜面の山林を開拓することに始まりました。

池上知恵子の父の実家が果樹園であったこと、また母の実家が酒屋であったことは、父と長女、次女の親子が葡萄とワイン造りにこだわることになった事情と無縁ではなかったと思われます。

急斜面の開拓地に葡萄樹を植樹、その斜面の一角にバラックを建て、川田以下９人の職員が寝起きしながら市、県、国などの公共資金の補助を受けずに自前で学園の施設造りに励んだのでした。

今日、世間一般の人々やワイン関係者の一部は、こころみ学園の成り立ちと、のちに起業した有限会社ココ・ファーム・ワイナリーの設立や運営が公共の補助金や助成金によるものと誤解しているようです。実はそうではなく、自前で施設造りを進めた翌年の1969年に30名収容の施設が完成して、こころみ学園と命名。そこで成人対象の知的障害者更生施設として正式に、自治体から許可されました。その後、こころみ学園でワインをつくろうとしましたが、こころみ学園は社会福祉法人であるため、葡萄をワインにするための果実酒製造免許が下付されませんでした。そのため有限会社を設立し、この有限会社が免許を取得し、酒税等の納税義務を果たしてワインを製造し販売しています。ココのワインづくりは、あくまでも農作業を通じ、こころみ学園園生の健康ややりがいを目的としてスタートしたのでした。言わば、真の意味での開拓者精神が息づいているファームです。

（2）育児中に東京農大へ

葡萄栽培の開始から４半世紀たった頃、父川田よりワイン造りの意志を伝えられた長女の池上は、東京女子大学文理学部社会学科を卒業、出版社に勤務して結婚し、幼児の育児中にもかかわらず、ワイン醸造の勉学のために東京農業大学醸造学科に入学し、卒業後にワイン醸造技術管理士（エノグロ）を取得。父の思いの実現化の一歩を進めたのでした。

一方、1980年にこころみ学園では“園生の育てる葡萄を原料にワイン造り”を、との趣旨に賛同する園生の保護者からの出資によって有限会社ココ・ファーム・ワイナリーが設立されました。４年後の1984年に醸造の認可が下り、秋には12,000本初のワインを生産、第１回の収穫祭開催しました。

ワイン造りは試行錯誤と紆余曲折を経た後に順調に進み、2000年７月に既述のようにスパークリングワイン「NOVO」が九州・沖縄サミットで供されるという快挙を達成しました。また、こころみ学園も開所の30名から、1972年に80名、22年後の1994年には90名、今日では150名が利用しています。

（3）雹に火災の災禍を体験

しかし、こころみ学園とココの歩みは決して順風満帆というわけではなかったのです。

葡萄栽培において予期しないヒョウにみまわれて葡萄が大損害を受けたこともあります。さらに2003年にはカフェを含めたワイナリーの施設が火災により消滅するという災禍、苦渋をも体験しました。

そして平年においても、葡萄栽培には学園内の葡萄14～20万個の傘がけという難渋な作業、醸造ではスパークリング生産に瓶内の二次発酵後に朝晩45度の回転により、オリを瓶口に集める手作業を２～３ヶ月続ける課程もあります。

例年、秋に迎える大イベント収穫祭を前に、２万人近い多くのワインファンの訪問の対応にはきめ細かな計画とサービスなどの重圧がのしかかります。けれどそれら様々な重圧を乗り越える切り盛りに、船頭役の池上知恵子は率先して取り組み、その一つ一つの小波、大波の果てに見える“生きる”喜びを感じているのではないかと、著者は勝手に想像しているのです。

無論、ココでの優秀なスタッフの存在も忘れてはなりません。栽培醸造担当の桒原一斗、石井秀樹、本橋一馬、大芦優、柴田豊一郎、西英紀、島野雄次、ロマン・ヴァインシュトック、鎌坂林太朗、坂内敬。さらには農場長の越知眞智子（こころみ学園施設長）、著名な醸造家でココの取締役ブルース・ガットラブ（こころみ学園評議員を兼任）など、こころみ学園生や職員、またココ・ファーム・ワイナリーやカフェのスタッフやブレーンあって優良なワイン造りの成果となっています。

そして、池上自身から湧く豊富な発想力とエネルギーこそが、池上の理念の達成を加速させているものと考えています。

次の池上の断片的な言辞は、他誌の記述からの大筋の引用です。

「こころみ学園生の寡黙で無心な姿に寄り添う」

「常に目の前の事態を受け止めるしかないとの覚悟」

「消えて無くなるものに揮身の力を注ぐ」

「園の存在が一流のものを造る志を高くした」

この言語のなかに著者が一時関わった八ヶ岳清泉寮を創設した牧師ポール・ラシュと重なることを強く感じるのです。

（4）適地適品種の理念

1、自然に寄り添い適地適品種

2、葡萄がなりたいワイン

3、自然に、人々に感謝

以上が池上のワイン造りのモットーです。

またワインは、「自然科学」、「芸術や文化」、「社会や哲学」と広い分野にまたがり関係している、と語ります。著者も全て同感です。

ココのワイナリーの施設を見た著者は、国内では突出した機能と利便性による効率的な醸造場であることを知りましたた。まさに池上の理念を実現するに相応なワイナリーであると納得したのです。

その後、ココ・ファーム・ワイナリーと何処かのワイナリーとよく似ていたワイナリー、と考えていたら、思い起こしました。イタリア中部トスカーナ州のモンタルチーノのイタリアンワインの歴史上の老舗中の老舗で、著者の最も理想とする「バルビ」(BARBI) のファームとワイナリーと酷似していたのです。施設の機能と共に手造りをモットーとし、何よりもファームがあります。ココは白い山羊と白い犬がマスコット的な存在、バルビは白い鳩と白い犬です。

福祉事業とワイン生産業の運営という両輪、つまり“二刀流”使いの池上知恵子に、外野からであるが、著者はさらなる進化と健勝を祈って筆を置くことにします。

9 ささやかな生きた印

―小川糸“ちきゅう食堂へいこう”―

少し古い記載文ですが、2009年２月号雑誌パピルス（幻冬社刊）に小川糸の“ちきゅう食堂へいこう”の「第２回栃木県ココ・ファーム・ワイナリー」の記述のなかに著者が大変感銘した一文があったので此処で紹介します。

「池上さんが、杉の木立に見守られるひっそりとした場所に案内してくれた。そこは、ささやかな墓地だった。墓石には、「ここでくらし働いた人たちの墓」と書かれ、23名の園生の名が刻まれている。こころみ学園が誕生して約半世紀。身寄りもなく、ここで亡くなる園生も増えている。近くには、飼っていた犬や猫、小鳥達の眠る手作りのかわいいお墓も作られていた。この世に生れ、ただひたすらに生を全うし、そして死んでいったみんなの、ささやかだけれど、確かな印のような場所だった」

実は著者も、池上にこころみ学園を案内してもらった折、比較的新しい墓石があり、それが池上の父川田昇のものと意識したのであったが、初めて会ったばかりの長女の池上に何らかの心の琴線に触れるのではと躊躇を感じ、敢えて黙ったまま通り過ぎたのです。

そこは、こころみ学園やワイナリーの近くの木立の下にある墓所です。その時、そこで長女池上の有り様の全てを今もなお父君が見守っているのだと思われ、瞬間、著者は胸にジーンと秘めわたる熱いものがこみ上げたのを今も覚えています。

⑩ 中田英寿の“ココ”観戦

～栃木県／足利市／味に勝負をかけた日本のワイナリー～

周知のサッカーの元日本代表で、現在国際サッカー評議会（IFAB）諮問委員、国内では観光庁アドバイザーを努める中田英寿がココ・ファーム・ワイナリーを訪れ、2012年２月の朝日新聞の（AERA）に大変興味のある一文があり、ここで要約して記述する。

「この日本の旅を始める前、ヨーロッパに長い間住んだ僕は、正直、日本にはまだまだおいしいワインは多くないだろう、と思っていた。しかし、この旅を通じて山梨や長野をはじめ、たくさんの日本のワイナリーを訪れ、飲み、そのイメージは大きく変わった。飲んでみると意外なほどおいしいものが多いのだ。

栃木県足利市のココ・ファーム・ワイナリーもそのひとつだ。2000年の九州・沖縄サミットの晩餐会や08年の北海道洞爺湖サミットで使用されたというのも納得。日本のワイナリーには珍しく、食事ができるカフェも併設されているが、ここの料理も非常においしい。小高い丘の上にあるカフェで、目の前に広がるブドウ畑を見ながらの食事は、よりワインをおいしく感じさせてくれる。

〜中略〜

背景にあるストーリーをもっと押し出せば、それだけで買ってくれる人も多いだろう。しかし、それでは継続的な活動として成り立たない可能性もある。ココ・ファームは人の善意に期待するのではなく、ワインの味にこだわって、商品単体で勝負することで、逆に社会とのつながりを作っている気がする。

知的障害者が働く施設ということを強調するのではなく、他のワイナリーと同じ土俵で戦う。すごく正しい姿勢だと思う〜後略〜」

さらに掲載誌の中のコメントで次のように記述していて、中田英寿と著者の思いとが全く同感であることに大変喜しく感じました。

「いろいろな種類のワインをテイスティングさせてもらったが、どれも本当においしい。素晴らしいワイナリーに出合うことができ、とても嬉しい」

中編
ワイン造りと
葡萄栽培の現場

第12章

山葡萄100%ワイン作出の"匠"たち

現在、山葡萄100％を抽出しているワイナリーは、北は北海道から東北の岩手県、山形県、そして福井県、埼玉県、長野県、岡山県と広がり16ヶ所に数えられます。

本章では、葡萄の栽培と、その原料によるワイン造りにしっかりした理念を持ち、作出されたワインが国際水準に達しているワイナリー及び将来期待できる９ワイナリーの“匠”たちを選んで紹介します。

❶株式会社　はこだてわいん

〒041-1104
北海道亀田郡七飯町字上藤城11番
電話　0138-65-8115
取締役企画室長　渡辺富章

●プロローグ
「木樽熟成山葡萄ワインの誕生」

はこだてわいんの成り立ちは、山葡萄系ワイン造りとしては国内では最も古い歴史を有していることは余り知られていません。

前前身の明治期の小原商店を経て、昭和初期には山葡萄を原料とするスイートワイン「白熊ぶどう酒」を作出。次いで前身の「駒ヶ岳酒造」から1984年（昭和59年）に現在の社名に改めて今日に至っています。

2016年の拙著「ワインの鬼」（第７章山ぶどう赤ワイン）のなかでの“高潮に克つ山ぶどう”で、2014年５月に、この七飯町のはこだてわいんの本社工場に著者が立ち寄った際、2013年12月に高潮に襲われた同社の北方200キロ先の岩間郡岩内の海岸沿いの葡萄畑の主力、ドイツ系の葡萄樹の全てが海水で樹勢が潰滅的な打撃を受けたと聞きました。しかし、そのなかでロシア系の東北アジア型野生種アムレンシス系の山葡萄のみが翌年芽を吹き実をつけ、赤ワイン生産の一環を担った、と同社の渡辺富章取締役（1967年生れ）からの連絡で著者が感動したことを記述してます。

山葡萄ワインの原料

この事実は著者の個人的感動とは別に、はこだてわいんとしても山葡萄の生命力の強さに改めて見直す機会ともなったようです。そして本項で述べるように、地元周辺の山葡萄によって本格的なワイン造りに積極的にすすめる契機となり、2018年４月、2015年に収穫した山葡萄原料によって木樽による長期熟成の「木樽熟成山葡萄ワイン」が誕生。数量限定で発売することになったのです。

（１） 葡萄栽培に強い助っ人

同社は前身の「駒ヶ岳酒造」から山葡萄によるワイン造りを行ってきたものの、山葡萄特有の酸味の強さから、これを敬遠するワインファン向けに補糖または輸入ワインとのブレンドをしてのワインの作出に終始してきました。だが、その一方で山葡萄100％ワインの自然派的な存在価値と健康志向の面からの本格的な葡萄ワインを愛着するワインファンも多いことから、進化した山葡萄ワインの作出に試行錯誤を続けてきたのでしたが、５年ほど前から、幸いにも山葡萄栽培の２人の強い助っ人を得たことが、今回の「木樽熟成　山葡萄ワイン」の誕生となったのです。

その助っ人のひとりは、はこだてわいんの本社工場の隣接北斗市のフロンティア果樹園（代表小川光邦）、いまひとりは近在の八雲町の外山造園（代表外山正章）です。

フロンティア果樹園小川代表は大手セメント工場を退職後に果樹園を起業。山葡萄のほか栗、リンゴ、サクランボなど栽培するなか、はこだてわいんの本格的な山葡萄ワイン造りに協力するため高さ３m、横80mの防風林を活用することにより、より太陽光を吸収する栽培に取り組み糖度の高い果実が得られたのです。

また外山造園の外山は、本来の造園業の傍ら、究極の日本庭園造りを求め、八雲町の山奥に約10ha（３万坪）の広大な土地に庭園を建設し、知人から譲り受けた山葡萄樹により本格的な山葡萄の栽培に着手、現在の２反から近く５反（0.5ha）に拡大。はこだてわいんの山葡萄ワインに積極的に協力することになったのです。

契約栽培フロンティア果実園の山葡萄棚

（2） 歴史に“華”を添える

本年2018年４月に新発売となった「木樽熟成山葡萄ワイン」は、2015年10月に収穫した原料を11月に仕込み、糖度は最低16度から最高20度でタンク貯蔵５ヶ月、木樽熟成14ヶ月、瓶熟成期間６ヶ月と仕込後約25ヶ月の長期熟成を経ての完成でした。

契約栽培地外山造園の日本庭園

特に瓶熟成には麗峰駒ヶ岳山麓の大沼公園内に隣接している赤井川蔵置場の静寂な低温の半地下に移して貯蔵熟成につとめたのです。

念願であった山葡萄による辛口フルボディワインの誕生は、長い同社の歴史のひとこまに華を添える快挙でもあると言えます。

出来栄えは、山葡萄の持つ野性的な酸味と黒コショウを思わせるスパイシー感、さらにバニラやトーストのアロマ感とが深い熟成の味わいと共に喉元いっぱいに余韻が広がる逸品となったのです。

（3） 土野（ひじの）農園33年の“ピノ”

初の山葡萄100％木樽熟成ワイン

土野農園は1985年（昭和60年）に設立した「はこだてわいん余市栽培研究会」に参加した７軒（余市七人の侍）の農家の１人で、ピノ・ノワールを栽培して33年の葡萄栽培の“達人”です。

はこだてわいんは現在も７軒中、２軒と契約して良質なピノ・ノワールのワイン造りをすすめています。

2018年の作出は「北海道100PREMIUMピノ・ノワール2016」

そのほか従来のセイベル、ケルナー、ミュラー、トゥルガウ、ピノ・ロゼ、またマスカット、マルメロ、プルーン、ザクロ、イチゴ、サクランボ、桃、洋梨、ブルーベリーなど果実のフルーツワインなどを含め年間70万本を作出し、原料果実の利用で地域の農業振興に貢献しているのです。

2016年３月、北海道新幹線の新函館北斗駅がはこだてわいん本社工場の隣接に開業、また最も古い国道５号線が本社前を走っている地の利から、同社のワインの購買力が観光客を中心に増加することは請け合いです。

日本ワインが国内外のワインファンから注目され始めている昨今、はこだてわいんのこのたびの山葡萄100％の木樽熟成ワインの作出が多くの人々に知られることは、著者としては日本ワインの源流の再発見につながるものであり、今後も同社が山葡萄によるワイン造りに精進されることを大いに期待しているのです。

❷株式会社岩手くずまきワイン

〒028-5403
岩手県岩手郡葛巻町江刈1-95-55
電話　0195-66-3111
製造部長　大久保圭祐

●プロローグ
「自生山葡萄によるワイン造り」

山葡萄交配酒澤登ブラックペガール

葛巻高原食品加工株式会社（現、株式会社岩手くずまきワイン）は1986年に設立されたが、当時、葛巻町にワイナリーを立ち上げる動機となったのは周辺の山中に豊かに自生している山葡萄でした。

1997年に同社に入社した現製造部長大久保圭祐（1974年生れ）は、2年後に広島の独立行政法人酒類研究所（元　広島県国税醸造研究所）で10ヶ月間研修後ののち、ドイツのガイゼンハイムで６ヶ月間研修、帰国後、葛巻に戻り長期瓶内二次発酵法によるスパークリングをはじめ甘口ワインの開発に取り組みました。

大久保はくずまきワインが山葡萄生産日本一いう岩手県内の立地条件下にあって、これまでに自社の山葡萄及び山葡萄交配種によるワインを数々作出してきました。また後述する岩手県盛岡市の堀内繁喜のエスプラスカンパニーの山葡萄ワインの「新里・涼実紫」を、また同じく後述するが２年前にワイナリーを立ち上げた岩手県九戸郡野田村の山葡

ワイナリー内の貯蔵タンク

萄ワイン「紫雫」を醸造するなど、県下の山葡萄ワイン造りを手掛け貢献してきました。

大久保は、くずまきワインとしてワイナリー周辺地域に古来より自生している山葡萄の栽培葡萄によるワイン造りは重要な品種と考え、山葡萄独自の個性を引き出し、優良なワインの作出を目指して、そのノウ・ハウの取得と研究に余念が無いです。

（1） 地域振興のワイナリー

昨年社名を変更し再奮起している岩手くずまきワインの会社の概要を説明しよう。

ワイン造りは1989年（平成元年）の秋に開始。山葡萄を主原料に葛巻町と、その周辺地域の振興を根差した第三セクターのワイナリーです。人口約6千人の町に牛が約１万頭の酪農王国。1980年（昭和55年）２月、現在岩手くずまきワインの社長で、現葛巻町長で当時、町の職員であった鈴木重男が葡萄栽培技術習得に東京国立市の農業科学化研究所（注３）内の日本葡萄愛好会に出向。山葡萄との本格的な取り組みが始まりました。

現在は山葡萄系品種ワインを主力にドイツ系品種のワイン、それに11年の長期熟成のスパークリングワインなど10数種の銘柄とブランデーなど年間30万本を超えるワインを作出しています。

著者が顧問を務める日本葡萄愛好会関係のワインでは小公子「蒼」、ブラックペガールの「澤登ブラックペガール」、ワイングランドのロゼ「フォーレ」を作出限定販売しています。

山葡萄100％ワイン「レアリティ」と瓶内二次発酵のスパークリング「WILLEヴィレ」は人気商品。ワインと酪農による地域振興と文化面での研修に20年近く“ワインとミルクの旅”の欧州視察を続けていて、地域振興に大きく貢献しています。

ここで本題に入りたい。既述のように大久保圭祐は今日の岩手くずまきワインの製造責任者として、岩手県産出の山葡萄のワイン造りを20

年近く体験し、岩手県の山葡萄と深く関わりを持ってきました。その体験を通じて大久保自身が抱いている山葡萄と山葡萄造りについての腹蔵の無い貴重な体験と理念を次に要約し記述します。

（2） 系統別に数種の山葡萄

葛巻町では過去、町内の山中から採取した山葡萄の枝から苗木を作成し、地域の山葡萄生産者に配布、山葡萄栽培を推進してきた経緯があります。この山葡萄の系統は「葛巻系」と呼ばれています。

山葡萄とひと口に言っても、この葛巻系以外に、「在来系」「山下系」「野村系」など系統別に数種類存在しています。そのほかにも、岩手県が県内各地に自生している山葡萄から選抜し、品種登録した「涼実紫」の１号から５号が存在します。

それぞれに果粒の大きさ、果皮の形、糖度、収量、着色などの性質に独自の特徴があり、従ってそれから出来上るワインの風味は当然それぞれ変わってきます。

葛巻系山葡萄の特徴として、数ある山葡萄の中で最も着果がまばらで、酸度と糖度が高く、色が濃いことにあります。

この特徴は山葡萄が葛巻町内の厳しい自然環境で生き続けるために長い歳月をかけて獲得した性質と思われます。

ちなみに葛巻町の面積は東京の世田ヶ谷区の約7.5倍、東京23区の７割弱の広大な面積を有しています。

（３） “果汁仕込み” と “もろみ仕込み”

一般的に山葡萄は糖度はそこそこに高いが、酸味が目立つため糖度が低いと誤解されている向きがあります。

葛巻系山葡萄は糖度が例年19度を超え、時にくずまきワイン管理下の葡萄畑では25度を超えることもあります。

しかし、葛巻町産の葛巻系山葡萄は特に酸度が高いため、通常の赤ワイン仕込方である“もろみ仕込み”では青臭さが出るため、果もろみを加熱後に圧搾して得られる果汁での“果汁仕込み”が向いていると考られます。

経験的に“もろみ仕込み”より“果汁仕込み”の方がフルーティで甘い香りが発酵中に出てくることが解っていて、この香りはβ-ダマセノン（薔薇やリンゴのコンポート様の香りを有する物質）と呼ばれています。

岩手県工業技術センターの研究によって、通常の赤ワインより山葡萄ワインはより多くのβ-ダマセノンが含まれていること、また通常の赤ワインの“もろみ仕込み”より果もろみを一度加熱し、圧搾して得た果汁を低温で“果汁仕込み”にした方が、ワイン中のβ-ダマセノン濃度が高くなることが解っています。

（4） 辛口ワインは “かもし仕込み”

くずまきワインの山葡萄ワインは甘口のものが多く、フルーティで甘い香りが好まれるため、“果汁仕込み”が多いものの、辛口の山葡萄ワインは“かもし仕込み”の方が合うと考えています。

現在、弊社での“かもし仕込み”は、５年ほど前から醸造を請負っている山葡萄ワイン、盛岡のエスプラスカンパニー（代表堀内繁喜、P147に記述）のみで「新里・涼実紫」のブランド、原料は涼実紫１号です。

この葡萄品種の特徴は豊産性ではないが酸度が低く、堀内代表の指示により“かもし仕込み”でリンゴ酸と代謝する酵母によって減酸効果と、フレンチオークの熟成の作用により、これまでのくずまきワインが仕込んだことのないまろやかな辛口の山葡萄のワインが作出されています。

（5） 世界に通用する感触

酸度が高い葛巻系山葡萄については、できるだけフルーティな甘口ワインを造るために、これまで通り“果汁仕込み”を行なうつもりでありますが、他の山葡萄の主産地である岩手県八幡平市、九戸村の辛口ワインの醸造には、先の「新里・涼実紫」のかもし仕込みで得た経験を活かすつもりです。

また、酸度が高くPHが低い山葡萄ワインには、困難とされるマロラリテイック発酵（乳酸菌により酸味のあるリンゴ酸がまろやかな乳酸菌に変わる）による減酸を、より確実性の高いコイノキレーション（アルコール発酵とマロラリテイック発酵を同時に行なう方法）に挑戦したいと考えています。ちなみに、この方法は岡山のひるぜんワイナリーの指導により野田村の涼海の丘ワイナリーが取り入れています。

さらに数年前に作出した山葡萄による瓶内二次発酵製法での約11年間の長期熟成を経ての「ヴィレ・ヤマブドウ・スパークリングワイン」、ヴィンテージ2001、2002、2003年は全て完売していますが、専門家の間でも評価が高く、山葡萄が世界に通用するワインが造れる感触を深めたので、再度造りたいと考えています。そのほか、乾燥機で干し葡萄状にした山葡萄のワイン、山葡萄のアイスワインなど山葡萄によるワイン造りに挑戦したいと考えています。

（6） 地域連携と課題の克服

地域連携ワインとしての山葡萄ワイン造りには遠野市「遠野山ぶどうワイン」、岩泉町「岩泉山ぶどうワイン宇霊羅」、野口村、洋野町「KUJI山ぶどうワイン」などを通して、現在、原料の山葡萄の系統別、産地別による山葡萄ワインの特徴の違いを把握しつつあり、どの産地の、どの系統の山葡萄には、どのような製法が合うか、などの多くの課題を試行錯誤しながら克服していきたいと思っています。

ワイン造りは多人種の文化である、となると岩手県葛巻町でのワイン造りの進化には、此の地に自生している山葡萄を原料として活用し、その可能性とオリジナリティを探ることが自分達の使命と考えています。

❸エスプラスカンパニー株式会社

〒020-0024
岩手県盛岡市菜園2-7-30
電話　0196-25-2440
代表取締役　堀内繁喜

●プロローグ
「津波にめげず山葡萄ワイン造り」

オーナーの堀内繁喜

岩手県宮古市津軽石に住いのあったエスプラスカンパニーの代表・堀内繁喜（1969年生れ）は、2011年３月の東日本大震災で大被害を被った一人です。

幸いにも災禍のあとの1ヶ月半後、県都である盛岡駅近くに転居したものの、３年前から深く関わった地元岩手の山葡萄によるワイン造りの志を捨て切れずに懊悩していました。

だが、堀内のワイン造りの熱意にほだされた旧新里村の山葡萄栽培者たちは、堀内への山葡萄の供給を約束。その後、堀内はブランド「新里・涼実紫」への本格的なワイン造りに着手、目下、良質なワイン作りに挑戦中です。

契約栽培地、新里の山葡萄畑

現在のところ生産本数は少量ながらステンレス発酵と、近年手応えを得たオーク樽でのワイン造りをすすめ、作出されたワインは専門家の間でも高く評価されつつあります。

本業の喫茶店とジャズバーは地元でも人気を集め、個人経営による“力”を最大限に活用し、周囲の人々の協力と支援をバネにエネルギッシュにワイン作りに挑む姿は、数あるワイン作りの“匠”の中でも特異な存在です。

新里の契約栽培者と堀内繁喜

10年目を迎えた堀内繁喜のエスプラスカンパニーの軌跡を追い、今後のさらなる精進と進化を期待したい。

（1）手造りワインの試作

11年前の2008年、堀内は兼ねてからの“夢”の実現化の第一歩に、青森から調達したスチユーベン種でワインを仕込んだものの、色が薄く、ロゼのような味わいの出来で、もう数歩という思いで試作を終えた。

翌年の2009年の秋、堀内は自身の故郷近く（旧新里村、現在は宮古市に併合）で伝承的な山葡萄を栽培していることを知らずに、隣り町の岩泉町で手当した山葡萄によって再度ワイン作りに挑みました。

仕込みはステンレスの寸胴に、手で徐梗した山葡萄の実を手で破砕し、酵母を加えて一次発酵させ、毎日撹拌して発酵が落ち着いた段階で絞り、発酵瓶でエアーロックして二次発酵させ、打栓して完成という過程を踏み、原始的というか全くの手造りによる作業に終始しました。

素人の試作であったが、堀内の初期の素直なワイン造りの感想が、面白い。「ワイン用の酵母、エアーロックの器具や瓶、コルクの打栓など、今日ではワイン造りの機能が何でも容易に入手できる」と、手近かな利便性に感激したと述べています。

こうして出来上がったワインは、かなり酸味が強く、山葡萄特有の酸っぱさが全面に出て再度の挑戦を心に誓うのでした。

（2）“新里” の山葡萄との出会いと災禍

2010年、幸いにも堀内繁喜の故郷の宮古市と内陸部の盛岡市の中間に当る旧新里村での山葡萄栽培者たちは、堀内のワイン造りの熱意にほだされ山葡萄の供給を約してくれました。

これは堀内にとって将来に向けてのワイン造りに大変幸運なことととなりました。

その年の秋に新里を訪ねると葡萄柵に山葡萄が実っていて、その一粒一粒を口に含めると、甘くて美味で酸味とほど良いバランスで、この原料により絶対に優良なワインが出来ると確信したのでした。

この旧新里村宮古の山葡萄、つまり岩手県が命名、品種登録した“涼実紫１号”によりワインは、前年の岩泉町産の山葡萄ワインと比較して数段良い出来に仕上がりました。ワイン造りを志して３年目に、堀内は新里の山葡萄のワインに自信を深めたのでした。

山葡萄新里「涼実紫」ステンレス発酵

だが2011年の３月、自宅内で新里の山葡萄によるワインの醸造過程で二次醗酵をさせ、あと数日で瓶詰めの最終段階を迎えた11日、既述のように災禍を受けて全ての資材、醸造中のワインが建物ごと流され“無”に期し、堀内の頭の中は真白となりました。

（3）転居地での再出発

大震災後の１ヶ月半後の５月、宮古でCAFEとJAZZ・BAR「S」を本業としてきた堀内は、盛岡駅近くに転居、4ヶ月後には周囲の関係者の協力、支援をもとに店の再開にこぎつけました。またワイン造りに自信を深めていた時期であったなか、幸いにも縁あって岩手県を代表する岩手くずまきワイン（旧称葛巻高原食品加工）のワイン醸造責任者・大久保圭祐と出会い、本格的なワイン造りに向けて再出発の転機を迎えました。2012年中に酒類販売の免許を取得、さらにワイン造りへの情熱が膨らむのでした。

こうして本格的なワイン作りへの気運が高まるなか作出するワインのネーミングを、山葡萄栽培者に敬意を込めて、「新里・涼実紫」と命名。また、ラベルのデザインは堀内の長男楽斗（当時12歳）との合作によって製作しました。さらに山葡萄ワインの真価をアップするため、新たにフレンチ樽を手当し、製造者となる現、くずまきワインに届けました。

山葡萄新里「涼実紫」木樽発酵

2012年の秋、新里の山葡萄を原料に第１回の醸し仕込みの醸造を開始、樽貯蔵のワインは１年後に瓶詰めにすることに決めました。

次いで2013年の秋、新里の山葡萄での第２回の醸造を開始、糖度19.5度でほどほどのバランスのワインが完成。

新里の山葡萄

2014年に新里の山葡萄の第３回目の醸造に入るが、ステンレス貯蔵のワインを瓶詰にして、半年寝かすと、瓶内熟成によりワイン味が落ち着くことを、遅まきながら会得。まだまだワイン作りのニューフェイスであることをしみじみと思いしらされました。この年のワイン醸造に入る前にオーク樽を１樽増やし、この新樽と前の旧樽のバッテングを試みましたが、やはり旧樽貯蔵のワインの味が際立って落着いていて、バランスのとれた味わいとなりました。

（4）バランスの良いワインの誕生

2015年の秋、新里葡萄による第４回の醸造。この年は天候が悪く低温被害で糖度が上がらず、１週間収穫を遅らせたが、何と、これまでのワイン造りでは最高のバランスのとれたワインの誕生となり、瓶熟成により2017年に販売することに決めました。

ワイン造りの初期的段階での大震災の災禍と転居、そして本業の飲食店の再開とワイン造りのプロセスを記述してきましたが、堀内夫婦は午前11時から夕方まではカフェ、夜７時から翌朝３時までのJAZZ RARの営業による睡眠不足と疲労が連日続く中、堀内繁喜のワイン造りの"夢"を支えてきたのは妻織江の存在が大であったと察しています。そして好感を得る堀内の周囲の多くの支援者あっての今日であると思われます。

堀内は､「山葡萄によるワイン造りの魅力は、まだまだ未知数であると思う」と語ります。しかし未知数であるが故に生涯を賭ける意義と甲斐があります。自らのワイナリーを立ち上げるのが堀内繁喜の次の大きな課題です。

❹涼海の丘ワイナリー（株式会社のだむら）

〒028-8202
岩手県九戸郡野田村大字玉川５-104-117
電話　0194-75-3980
醸造責任者　　　坂下　誠
ワイナリー所長

●プロローグ
「復興ワイン、３年目の正念場」

野田村の山葡萄収穫作業

岩手県九戸郡野田村の「涼海の丘ワイナリー」としての起業の概要については、本書の冒頭「はじめに」の③に記述していますが、本項では改めて涼海の丘ワイナリーの所長で醸造責任者の坂下誠（1971年生れ）と、野田村との関わり、またワイン造りによる村の復興を目指すに至った経緯を紹介します。

とはいえ、３年前の2016年にワイナリーを立ち上げ作出された肝心のワインの評価は、ニューフェイスでもあり、いまだ未知数です。しかし、山葡萄生産高日本一のメッカである三陸海岸沿いの、このワイナリーの存立は国内の山葡萄生産者をはじめワイン関係者の間で注目の的となっているのも事実です。

著者としてもさらなる村の復興と共に、今秋に３年目を迎える涼海の丘ワイナリーの一層の進化を期待して筆を進めたい。

（1）ソムリエからの転身

岩手県三陸沿岸の北部地区では、古くから山野に自生する山葡萄を受飲する風習があり、鉄分を多量に含むことから滋養強壮、貧血（増血）、疲労回復などに大変効用があり利用されてきました。

この希少な果汁に思い込めて、2016年10月、野田村村営の株式会社のだむら（村の特産品の販売会社）、涼海の丘ワイナリーが立ち上げた醸造工場での醸造開会式が行われました。

野田村村長以下関係者の熱い思いのなか、村営国民宿舎えぼし荘の支配人から、ワイナリー長で醸造責任者となった坂下誠はひとり緊強感を抱いていました。

坂下自身は県内で数少ないシニア・ソムリエで内外のワインの専門家として造詣が深いものの、醸造責任者となった今、これまで主に人様が作出したワインの評価に徹してきた立場から、自らが野田村のワインの責任者となり、人々から評価される立場にと転身したからでした。

だが、この年の春に現代山葡萄ワイン造りの先駆者的存在である岡山県のひるぜんワイナリー（代表植木啓司）に３ヶ月間滞在し、工場長の本守一生のもとでワイン醸造の技術取得に励むなど研鑽をつんできた。

こうした転身のための新たな試練を体感しての初の醸造開始日を迎えるまでには、野田村の被災からの村民の復興の願いと、何よりも野田村特産の山葡萄の存在が、ワインの世界に関わってきた一人として、良質なワイン造りに賭ける強い思いが大きく後押したのでした。（2017年３月21日、青森朝日放送放映「野田村“山葡萄に生きる”涼海の丘から」の一部を参考にしています）

（２）山葡萄は “山の宝石”

野田村は海岸と丘陵の風光明媚で人口約4000人、特産の“野田塩”と過去の鉱山の採堀坑道で知られた村です。だが2011年の東日本大震災の被害と2016年に襲った台風10号では村の三分の一の500棟が流出し、また鮭の養殖場が壊滅するなどの大被害を受けました。

この２回の災禍に悲嘆に落ち入っていた村民に復興の希望を与えたのは、丘陵に紫色にたわわに実る“山の宝石”山葡萄の存在で、にわかに山葡萄が脚光を浴びたのです。

既述のように、岩手県は日本最大の山葡萄の産地で、そのうち県の４割がこの野田村で集中しているといいます。この早熟の“野村種”を野田村は過去に内陸部の葛巻高原食品加工（現、岩手くずまきワイン）にワインの醸造を委託して（株）のだむらで販売してきた経緯があります。

2014年に、この委託醸造してきた「紫雫」は日本ワインコンクールで銅賞を得たことに自信を深め、野田村としてのワイナリー建設が促進化され地元有志、県の協力を得て晴れてワイナリーが2016年に完成、秋に醸造開会式のはこびとなったのでした。

野田村の山葡萄栽培農家は８戸、11haの葡萄畑を有し、野生の山葡萄の糖度が15～18度であるのに対し、栽培葡萄は16～21度となり、質の良いワイン造りに適します。また、ワインの熟成貯蔵をする村内の旧鉱道の洞窟内が年平均10度、湿度80％であるため天然のワインセラーとして活用できる利点があります。

（3）涼しい海風“マリンルージュ”

野田村の山葡萄が豊潤な実りとなる要因の一つに、山背（やませ）の影響があります。９月下旬から10月下旬には三陸海岸にオホーツクの寒気団からの冷涼で湿潤な山背が吹き、この地域にじっくりとした成熟の質の良い山葡萄が成育します。

先の初のワイン醸造の開会式が過ぎての３ヶ月後の12月、岡山県のひるぜんワイナリーの工場長・本守一生が涼海ワイナリーに忙しいなか助っ人として掛けつけました。坂下の初仕事である山葡萄の醸造の状況とそれまでの醸造過程をチェック、万事落度のないことが確認され、坂下とスタッフらは安堵しました。

右からマリンルージュ山葡萄ワイン「樽」「赤」そして「ロゼ」

完成後“のだむら”の涼海ワイナリーの山葡萄ワインのサブのネーミングとして、坂下らは、これまでの「紫雫」に、涼しい三陸の海風が育てた特別な葡萄であることから、マリンルージュ（Marine Rouge）を加え、それぞれMarine Rougeの紫雫のロゼ、赤、樽の３種としました。ロゼは2017年４月、樽は2018年の２月に発売することにしました。

醸造責任者の坂下誠は、野田村特産の山葡萄と旧鉱山鉄道が“醸す”「紫雫」が、岩手県での新しいワインの１ページに加わることの自負と共に、さらに研鑽を積み、優良な日本ワインを作出し、村の復興の一翼を担いたいとの意欲を示しています。

❺株式会社　白山やまぶどうワイン

〒912-0146
福井県大野市落合2-24
電話　0779-67-7111
代表　谷口一雄

●プロローグ
「黒ボク土（Andosols）シリーズを、新生産」

通称、白山ワイナリーは白山国立公園内の経ケ岳山麓に広がると段丘上の緑豊かな農園を有し、数十万年前の経ケ岳噴火による火山灰土に覆われ、水はけの良い黒ボク土から成る地質です。

この黒ボク土の国際的な呼称がAndosols（アンドソロ）で、白山ワイナリーのワインは黒ボク土で育まれた元気のよい葡萄で造られています。

古くからワイナリー周辺に自生している山葡萄100％の原料により作出された赤ワイン「白山やまぶどうワイン"樽"」は多くのワイン愛飲者に支持されてきましたが、昨年2017年に新赤ワインに「HAKUSAN Andosols 小公子」と「HAKUSAN Andosols ヤマソーヴィニオン」をリリースしました。

また従来の山葡萄とマスカットベリーAとのブレンドYAMABUDOU & MBAと小公子の瓶内二次発酵「小公子スパーク」はイタリアのランブルスコタイプで、著者的には微発酵のスーパークリングワインとして、析木のココ・ファーム・ワイナリーの「ノボッコ」と共に、果実味と酵母特有の香りと炭酸がマッチして口に合うワインとして贔屓している逸品です。

白山ワイナリーの代表・谷口一雄は文字通り山葡萄と山葡萄系品種によるワイン造りにこだわり続け、自園の4.7haで自らが葡萄栽培と醸造に先頭に立ち作業に従事しています。

また自園と地域活性化のために毎年、収穫から仕込みまでのワインの醸造体験に一泊二日のツアー、さらには「ワインの樹オーナー制」、冬季を除き予約によるバーベーキュー・ハウスをオープンするなど各種のイベントを企画し精力的に取り組んでいます。

創業は2000年と比較的新しいワイナリーではあるが、研究熱心の谷口は、地元の恐竜王国福井で生まれた唯一の“恐竜ワイン”のシリーズとして赤ワインのヤマソーヴィニョンを４色のラベルで発売しているほか、甲州と山葡萄による白ワイン３種とデラウエア2種のワインも作出しています。

雪深く厳しい冬を総度か乗り越えて来た福井県唯一のワイナリーとして谷口は、地元新聞の取材に、「ここで育つ山葡萄は何千年も前から自生してきたもの。交配品種も増えたが、あくまでも山葡萄がベースです」と語っています。

まさに山葡萄ワイン造りの“匠”であり、“鬼”のひとりです。

❻有限会社　秩父ワイン

〒368-0201
埼玉県秩父郡小鹿野町両神薄41
電話0494-79-0629
代表　五代目　島田　昇

●プロローグ
「源作印　息づくワイン造り」

日本百名山の一つである両神山の麓の寒暖差の激しいアルカリ性の土壌で、しっかりと根をおろして85年になります。

生葡萄酒「源作印」ワインで知られるワイナリーで、初代・淺見源作が1933年に葡萄栽培を始めて1936年にワイン造りに成功。1940年秩父生葡萄酒として世に送り出しました。日の目を見たのはそれから19年後の1959年、フランス人神父が、“ボルドーの味”と覚讃したことから、一躍業界間で脚光を浴びたとされています。

その源作の信念は、「お天道さまが作った葡萄を発酵させて、よく寝かせた、健康なワインを造る」ことで、この姿勢は四代目、五代目にもしっかりと受け継がれています。

山葡萄のほかマスカット・ベリーA、また欧州系品種の赤ではメルロー、白ではセミョン、リースリング、シャルドネをベースにワインを作出しています。

❼シャトーまし野　信州まし野ワイン株式会社

〒399-3304
長野県下伊那郡松川町大島3272
電話　0265-36-3013
醸造主任　竹村　剛

●プロローグ
「下伊那の山葡萄ワイン“ピオニエ”」

日本の屋根と呼ばれる中央アルプスと南アルプスに囲まれた標高700メートルに位置する南信州松川町の増野（ましの）の信州まし野ワイン、通称シャトーまし野は創業1991年。

山葡萄ワイン100％のまし野ワインのピオニエ（Pionnier　ちなみに、ピオニエは仏語で開拓者精神）は、起業直後に、過去に信州大学が研究開発した東アジア系の山葡萄品種アムレンシス種（VITIS AMURENSIS）を地元の伊那地区の農家が栽培してきた原料を使用。深くコクのある辛口（750ml）に仕上げています。

また、やはり地元農家が栽培しているコアニテイ種（VITIS COIGNETIAE）の葡萄を基にした甘口の華やかな500mlの「プチ山葡萄」を作出し、「ピオニエ葡萄」との二つの銘柄は品質の違いを際立てた一品です。

このほかのワインは赤ワインではカベルネソーヴィニヨンとメルローのブレンド「まし野ルージュ」、白ワインは信濃リースリング、シャルドネ、サンセミヨンを原料に各品種別のワインを作出しています。

山葡萄ワイン「ピオニエ」

同ワイナリーの生産の主力は、地場特産のリンゴ、紅玉を使ったワインや多品種のリンゴを独自にブレンド、醸造したシードルを大量に生産し、地域に密着した企業としての役割を大いに発揮し躍進しています。

❽山ぶどう園 オードリーファーム Audre Farm

〒386-0601
長野県小県郡長和町大門3518-781
電話　0268-60-2788
園主　奥山次郎

●プロローグ
「山葡萄に魅せられて起業」

1952年生れの奥山次郎の生家は、山梨県の果樹農家の現在の笛吹市出身。大手のコンピューターメーカーの関連会社を早期に退職して長野県の長和町に移り住んだパイオニア精神の強い持主。2007年に遊休農地を借り受けて、山葡萄に魅せられての50代からの起業。

山葡萄の苗木は山形の月山系の品種を手当した後、試行錯誤を経て早や10年が過ぎました。

奥山が山葡萄を選んだ理由は、「天然の抗酸化成分が良く、食品としての機能性の高さ」にあると言います。そして、何よりも自分自身の気性に合い、土地に根ざした作物であるとのこと。

山葡萄ワイン、山葡萄酢、ブルベリーとのブレンドのギフトセット

山葡萄ワインは甘口と辛口の２種類を作出。また山葡萄酢と山葡萄とブルーベリーとのブレンド加工したジャムも生産しています。この３種の製品の詰め合わせによるギフトタイプは、地元で大変好評得ています。ワインの醸造は2009年から2013年までは「信州まし野ワイン」に委託。2013年からは「伊那ワイン工房」に委託醸造を依頼しています。

「山葡萄畑に立つ奥山次郎」

こうした奥山次郎の新天地の地元長和町では、応援団長とも伝える酒屋「森田屋」を経営するシニアソムリエの森田美智子は「2012年の黒ぶどうは当り年だったので、その年のオードリーファームのワインはすごく良かった。山葡萄も年によって違うことに改めて気づかされました。その土地を生かすことが、長野県のテロワールは素晴らしいと知っていただくことが目標なら、この気候と土、歴史のなかに生まれてくるワインこそ意味があると思います」と語ります。

含蓄ある言葉である。そして、「長和町の本当に良いものを選んで、ワインにしてくださった。奥山さんのやっている事は本当に素晴らしいです。本人に自覚は無いけど（笑）」とエールを送っています。

ひとりで山の斜面を闊歩する奥山次郎を目にして、著者も思わずエールを送らざるえない、ひとりでもありました。

❾農業生産法人　ひるぜんワイン有限会社

〒717-0602
岡山県真庭市蒜山上福田1205-32
電話　0867-66-4424
代表取締役　植木啓司

●プロローグ
「西日本でのパイオニア的存在」

2017年11月中旬、蒜山高原の牧歌的な雰囲気的の漂う一画の瀟洒なひるぜんワイナリーを訪問しました。

秋たけなわという時期、ワイナリーに着いた折にはみぞれの降る愛憎の天候でした。

忙しいなか米子空港に出迎えてくれたひるぜんワインの植木啓司（1957年生れ）代表からワイナリーまでの１時間余のドライブで、雄大な山並、蒜山三座や中国地方きっての高峰標高1731mの大山など周辺の地形と環境、ひるぜんワインの成り

山葡萄の栽培を熱く語る植木啓司

立ち、そして主力製品の葡萄栽培と山葡萄の作出などの概要を聞くことが出来ました。植木代表の屈託のない人柄のせいか、同行した著者の長女桂とも話が弾みました。

ワインショップ「コワニエ」

自生の山葡萄から穂木を採取して栽培を始めて40年。ワインの醸造を開始して30年と、同社は西日本地方で山葡萄生育については最も古い歴史を有し、純粋の現代の山葡萄ワイン生産のパイオニア的存在です。

地元の岡山県と岡山大学農学部、薬学部、真庭市などの自治体や大学の連携による協力もあって、この10年間は国内のワイン・コンクールで毎年入賞し、ことに2015年にはジャパン・ワイン・チャレンジで「山葡萄・ロゼ」が念願の金賞に輝やいたことは、山葡萄に関する日本のワイン史上の快挙であり、同社はその作出に自信を深めたのでした。

著者の岡山県の最北端に位置するひるぜんワイナリーの視察と植木代表に会うことを以前より楽しみにしての初の探訪でした。

（岡山大学との山葡萄に関する研究は本書前編第４章「山葡萄の人体への効用」、また山葡萄ワイン造りに関しては同じく前編第９章「日本ワインの未来」に記述）

（1）自生山葡萄から栽培40年

ひるぜんワインの本社工場は岡山県真庭市にあり、ひるぜんワインの社名の“ひるぜん”の蒜山高原は岡山県の最北端に位置し、大山隠岐国立公園の中にあって牧歌的な雰囲気の雄大な高原地帯で、今日では関西から山陰との中継点に当り年間250万人の客が訪れる一大観光地です。観光事業のほかジャージ牛による酪農と高原野菜の栽培も盛んに行われています。

こうした環境下の中で、秋には標高500〜700mの谷会いに野生の山葡萄が実をつけ､地元では古くから健康に良いと重宝がられてきました。

1978年、この山葡萄を地元の新たな特産品としてワイン造りの計画が浮上しました。中国山地に自生している山葡萄の分布の調査を県の協力で行ない、穂木を採取して1981年から栽培化し、村営の試作圃場１haで優良系統を選抜し栽培技術の確立をはかりました。

1986年に県有地を開拓。希望の農家に土地を貸与して面積の拡大に勤め16戸10haの山葡萄の栽培化に成功したのです。

他方、肝心のワインの醸造については1978年に岡山県の農業試験場で試験醸造。10年後の1988年に山葡萄栽培者、真庭市、農協の出資により「ひるぜんワイン有限会社」を設立。期限付醸造免許を取得して約２トンの原料でワインを作出。現在は醸造を始めて31年、原料20トン強を醸造するまでに成長したのです。

（２）作出ワイン、10年連続受賞

ワイン醸造の成果に関しては、岡山大学、県とワイナリー一体化となって試行錯誤の末に近年は安定化し、10年を超えて日本ワインコンクール、ワインチャレンジなどで毎年受賞しているほか、むらおこし特売品コンテストで経済大臣賞も受賞しています。

だが、主に岩手県を中心とした東日本では山葡萄ワインが古くからある程度の知名度と存在感を有しているなか、西日本では山葡萄ワインに対する認識が薄く、普及し定着するまでには、なお時間を要することが大きな課題であると言えます。

そのためか、代表の植木はワイナリーの目の先にある観光施設を訪れた観光客が立ち寄るワイナリー内のワインショップ「コワニエ」（Coignetae）で、自らが積極的にワイン造りの概要とひるぜんワインの説明に写真や動画を前に勤めています。

植木は“1年一度のひるぜんの山ぶどう”を「一期一会」として強調しています。つまり、その年の風、日照、気温、収穫時の天候により、「酸味の強さ」「甘みの深さ」「コクの奥行」、さらにフレンチオーク樽で熟成される訳、などを分かりやすく説いています。

著者と長女桂との対談中にも、霙混じりの天候の中、コワニエを訪れた団体客を目にした植木は、「ちょっと失礼します」と中座し、ワインのガイド役を務めるべく来客の人々に向かう積極的な姿が印象的でした。

（3）さらなる品質向上を求める“匠”

植木啓司自身は東京の玉川大学農学部を終え出て岡山に戻り、20年後に葡萄栽培とワイン造りのさらなる進化を求めて岡山大学農学部で研鑽。恩師岡本教授らと「ヤマブドウ―樹及び果実の特性―」の共同研究論文を2008年に発表、農学博士の学位を得ました。またエノグロ（ワイン醸造技術管理士）を有するなど努力の人であり、まさにワイン造りの「匠」と言えます。また本書中編の第15章④「涼海の丘ワイナリー」の記述のように、のだむら涼海の丘の醸造責任者・坂下誠をひるぜんワインでのワイン醸造の研修の場に供し、涼海の丘での初の醸造中には、ひるぜんワインの工場長本守一生を岩手に派遣して助力するなど、人の面倒見も良いです。

ワイン業界で山葡萄ワインを“亜流”と見なす関係者がいるなか、植木は「今後も果実成分の把握評価及び調節方法を明らかにし、さらなる品質の向上を図りたい」との意欲を示します。日本ワインのあり方と、その未来への進化に向けた頼もしい発言を聞き、著者はひるぜんワイナリーを訪問した甲斐があったと安慮したのでした。

中編
ワイン造りと
葡萄栽培の現場

第13章

山葡萄系交配種ワインの“匠”たち

近年、純正の日本ワイン造りを目指すワイナリーが増え続け、山葡萄系品種及び山葡萄系交配品種に既存の欧州系葡萄品種とのブレンドワインが多量に作出され、市場に送り出されています。

しかし、本章で、既にメジャーとなっています山葡萄系交配品種によるワイン造りのワイナリーはさておき、これまでマイナーとされて見過されてきた山葡萄系品種を原料とする、こだわりのワインがにわかに脚光を浴びていますので、ここに注目したいと考えます。

まず、長年、日本葡萄愛好会が栽培を推奨してきました「小公子」「ブラックペガール」「国豊一号、三号」「ワイングランド」「ホワイトペガール」及び山梨の志村葡萄研究所が作出しました「富士の零」などを原料に優良ワイン、ないしは優良ワインに近いワインを作出しているワイナリーとその“匠”たちを記述することにします。

なお、11章、12章に既に記述しました山葡萄系品種を原料にしたワインを作出していますココ・ファーム・ワイナリー、岩手くずまきワイン、白山やまぶどうワインの３ワイナリーはこの項では省略します。

❶常陸ワイン　檜山酒造株式会社

〒311-0311
茨城県常陸太田市町屋町1359
電話　0294-78-0611
代表　四代目　檜山雅史

●プロローグ
「先代が、ワイン文化に傾注」

江戸時代に宿場町として栄え古い町並が残る常陸太田市町屋に、四代続く日本酒の蔵元檜山酒造が存在します。「千姫」「光圀」などの日本酒造りから、先代檜山幸平が心血を注いで作り上げた「常陸ワイン」があります。

三代目に当たる檜山幸平は広島大学の醸造科を終えて一時は茨城県醸造試験場の主任技師を務め全国各地で醸造の指導したのち、32歳で家業を継ぎました。1975年に同業者と欧州視察旅行の際に訪問先での洗練されたワインの文化に触れて感銘を受けます。

常陸ワイン葡萄園内の山ソービニオン

常陸ワイン作出のワイン

常陸ワインの葡萄園

1976年に会社近くの山の斜面を開拓、葡萄栽培を始めます。品種は山葡萄交配種の開発者の日本葡萄愛好会澤登晴雄理事長の指導により小公子など各種の山葡萄交配種を移植しました。1979年にワイン生産を開始。紆余屈折を経て2005年の国産ワインコンクールで、ワイン通好みの濃い赤ワインが入賞。ワイン生産を志して実に30年目の快挙でした。

2.5haの現在の自家農園は、典型的な有機栽培で、40年近い樹齢の小公子は、見事なほどに成長し、周囲の山林に負けない景観を保っています。

山葡萄交配種の赤ワインは「小公子」、白ワインは「ホワイトペガール」、ロゼは「ワイングラド」を、ほかにヤマソーヴィニオンの赤、巨峰のロゼを作出しています。

五代目・檜山雅史は慶應大学法学部出身でキッコーマン醤油に在勤中に、先代の幸平に見込まれて婿となり、全くの門外漢から先代の指導を受けながら日本酒の製造とワイン醸造の二刀流を使いこなし今日に至りました。醸造と共に山葡萄の交配品種の栽培など多くの難事のなか、先代亡きあともハードルを乗り越え前進しています。

❷フルーツグロアー澤登

〒404-0003
山梨県山梨市牧丘町倉科5893
電話　0553-35-2160
共同代表　澤登芳英
　　　　　澤登早苗

●プロローグ
「最も自然な日本ワイン」

フルーツグロアー澤登の「小公子」で醸した「もっと自然に牧ノ庄、赤葡萄酒」のワインの裏ラベルに、要約すると次のように記述しています。「最も自然な葡萄酒づくりとは、多様な生物が棲む自然と共生した循環型の有機・無農薬の畑で育てた葡萄を、補糖に頼らず発酵させて造ること、その実現こそが、先代（故澤登晴雄・芳兄弟）の夢であり、その夢を叶えるのが「牧ノ庄赤葡萄酒」で、あらゆる条件を克服するのに要した年月は20数年余である」。

（1）農薬不使用JAS認定

その昔「牧ノ庄」と呼ばれた山梨市牧丘は標高700メートルの南斜面で先代の故澤登芳が1970年代初頭に確立、実践してきた農薬も化学肥料も耕作も要らない雑草、草生・不耕の自然栽培で育った「澤登小公子」を原料にしたワイン、それが「もっと自然に牧ノ庄・赤葡萄酒」です。

小公子ワイン「牧ノ庄もっと自然に赤葡萄酒」

山梨市牧丘町のフルーツグロアー澤登は九圃場、143aが有機JAS認定の果樹園です。農薬不使用の雑草、不耕起栽培により雑草の有効利用を基本とする自然循環栽培で、必要に応じて米糖、植物性の堆肥、刈草、発酵鶏糞等を使用しています。

ワイン用の山葡萄交配種としては「小公子」「ブラックペガール」「ワイングランド」「国豊１号」「ヤマソービニオン」「セイベル13053号」を栽培。栽培の基本は“土づくり”と圃場の気候に合った品種の選択を重要視し、葡萄栽培は亡父澤登芳が考案したサイドレスハウス（雨よけ栽培）と改良マンソン（注51）を用い、病気の原因となる雨を除けることで化学肥料をいっさい使用しない栽培を実践しています。

（2）地域の活性化

フルーツグロアー（キウイフルーツも栽培）の両代表は、両親から受け継いだ技術と精神をもとに５年、10年先をどのように進化させるかの課題と、地域の活性化も視野に考え挑戦を続けています。

（注51）
改良マンソン
澤登晴雄が考案したアメリカのマンソンが開発したマンソン式の垣仕立に手を加えたもの。

澤登芳英は農業のかたわら、東京農業大学と都留文科大学の講師を、また澤登早苗は恵専女学園大学の教授で日本有機農業学会会長を務めながら主婦であり、母であり農業に従事という二人は一人で四役、五役を毎日を多忙のなかめげずに全力でこなしています。

著者的にはハラハラ、ドキドキと見つめているなか、両代表の情熱に多くの協力者、支援者が集まり助力していて、その前向きな姿勢にエールを送り続けています。

フルーツグロアー澤登の栽培葡萄の小公子を原料により作出されたワインは、過去に山梨の勝沼醸造、その後、岩手のくずまきワイン、2015年から山梨市歌田の東晨洋酒に委託醸造しています。

❸田中ぶどう園

〒680-0607
鳥取県八頭郡八頭町徳丸409
電話　0858-84-3421
代表　田中康夫

同園（一町二反）が栽培する山葡萄交配品種と欧州のカベルネソーヴィニョンとの交配種「富士の雫」は（山梨県笛吹市御坂の志村葡萄研究所が開発した山葡萄系品種）を栽培。その原料を島根県の奥出雲葡萄園に委託醸造により作出したワイン「赤翡翠の森」のラベルには珍鳥赤翡翠一羽が小枝に留まった愛らしい姿が絵描かれています。

田中康夫は農協を退職後、主に生食用の葡萄を栽培して地元に評価されてきたものの、いつかは“ワイン”との思いが捨て切れず、2013年から前述の赤翡翠の森“富士の雫”及び“甲斐ノワール”の２銘柄を発売してきました。

ラベルの珍鳥“赤翡翠”は、田中ぶどう園近くのブナの森に夏期に飛来する渡り鳥で、国内では３ヶ所しか観察できない大変貴重な鳥。ブッポウソウ目カワセミ科。八頭町に飛来する時期には全国の愛鳥家が２万人も訪れると言います。泣き声は「キョロロロー」、くちばしを含めて全身が朱色です。

赤翡翠が赤色であることから田中はインパクトがあり、また自然豊かな清浄の地をアピールしたいと考えて名付けました。“赤翡翠”自体は商標登録がなされていたため“赤翡翠の森”で登録しました。

ワイン「富士の雫」の品質については、昨年の東京・阿佐ヶ谷の試飲会で、しっかりしているとの評価を得ましたが、「甲斐ノワール」（ブラッククイーンとカベルネソーヴニョンとの交配）は、もう一歩というのが大方の感想でありました。さらなる前進に期待したです。

珍鳥　赤翡翠

左から「甲斐ノワール」と「富士の雫」

❹奥出雲ワイン　有限会社奥出雲葡萄園

〒699-1322
島根県雲南市木次町寺領2273-1
電話　0854-42-3480
ワイナリー長　安部紀夫

● プロローグ

「自然と共生のワイン造り」

共生シンビオシス（SYBIOSIS）、自然と人との共生をテーマに葡萄栽培とワイン造りに励んでいます。

ワイナリーは“食の杜”（注52）の一画にあり、“食の杜”は木次町の有機食品のシンボルの農園として国と町からの支援を受けるなど食の安全を求める全国の市民から注目されている存在です。この“食の杜”の指導者佐藤忠吉翁は2018年現在99歳で、著者が顧問を努める日本葡萄愛好会の古くからの役員でもあり、子息佐藤貞之は地元企業、木次乳業の代表であり、奥出雲葡萄園の代表でもあります。

食の社内の安部紀夫

佐藤翁は日本葡萄愛好会の創始者で、著者の“師”である澤登晴雄との出会いより、有機農法の重要性を学び、葡萄栽培とワイン醸造の推進に有機農業の手法と精神が奥出雲葡萄に色濃く反映されています。翁は澤登晴雄亡きのちも、立ち上げた木次農業、奥出雲葡萄、有機自給農園「室山農園」の有り様を静かに見守っています。

葡萄園の「小公子」

（注52）
食の杜
　ダムの水没予定の茅茸・互茸の農家を移築し、理想の農場作りの拠点にしようと集まった室山農園のメンバーと、それに賛同して加わった多彩な仲間達によって構成されている。
　室山農園の有機野菜に「どぶろく」濁酒製造所を始め、「奥出雲葡萄園」のワイン用葡萄畑にワイナリー、生食用葡萄栽培の「大石葡萄園」、国産大豆と国産菜種油による豆腐と油揚げ造りの「豆腐工房しろうさぎ」、国産小麦粉と地元産の有精卵、木次の牛乳などで無添のパン製造の「杜のパン屋」、人と自然や地域とつながりを求め「先人の暮らしを今に伝える別天地」を再現している。

（1）食の杜の空間

奥出雲葡萄園は1990年（平成2年）に設立。1992年からワイン生産を開始。1999年（平成11年）に設立当初のワイナリーから現在の“食の杜”に移転しました。自然との共生、地域との共存をコンセプトとして有機的な手法での葡萄栽培から本格的なワインの醸造と販売まで一貫したもの造りに徹してきました。

同ワイナリーの特徴として、ワイナリー内のレストラン、ショップのほか地下ギャラリーを併設していますが、このギャラリーの使用は無料で、“ほのかなワインの香りの漂う”という他のギャラリーでは体験できない空間のたたずまいがそこにはあります。また隣接の「食の杜」の訪問客はワイナリー内の「杜のレストラン」で、室山農園や地元の食材で作った料理を味わい、自然をゆったりとした気分で楽しむ空間を演出しています。

奥出雲ワインの立ち上げから醸造にたずさわってきたワイナリー長の安部紀夫は、地元の大学を終えて近くの水産加工会社に勤務していましたが、佐藤忠吉の抱く強い信念に惹

食の杜の全景

ワイナリー

安部紀夫と佐藤翁

ワイナリー内の貯蔵タンク

かれての入社後に、国税庁醸造試験所と勝沼の丸藤葡萄酒工業（ルバイヤート）で１年半の研修を摘んで本格的なワインの生産に従事しました。

安部は人柄の良さが滲み出ていて、著者が昨年の晩秋にワイナリーを訪問した際には、老体、佐藤忠吉翁がわざわざ自宅から杖を突いて杜のレストランまで足をはこんでくれて、安部と翁とが著者を前での対面中には、まるで実の祖父と孫のような言いしれぬ雰囲気を醸し、同行していた著者の長女桂と共に、胸にジーンと響く思いを強く感じたのでした。

（2）評価高い“小公子”

作出しているワインは日本葡萄愛好会の山葡萄系交配種のうち赤ワインは「小公子」「ブラックペガール」、白ワインは「ホワイトペガール」と「セイベル」とのブレンド、また小公子スパークリンクのほか欧州系品種の赤ワインのメルロー、カベルネ・ソーヴィニョン、白ワインのシャネルドネ、ソーヴィニョンブラン等を作出しています。これらのワインはいずれも国内の水準を大きく上回る品質で、市場で高く評価されています。なかでも「小公子」は税込で4000円近いですが、発売と同時に完売し、愛飲者から苦情が出るほどの高い評判を得ています。

佐藤忠吉翁の意思を引き継ぎつつある安部は語ります。

「自然との共生のなかで、基本に忠実なワイン造りを貫ら抜きたい」

謙虚で平凡な言葉の底に強靭な意志が秘められていることを、著者は強く感じました。

❺株式会社広島三次ワイナリー

〒728-0023
広島県三次市東酒屋町445-3
電話　0824-64-0200
醸造長　太田直幸

●プロローグ
「語る・育(はぐく)む・受継がれるワイン」

1994年（平成６年）に農業活性化と商業活性化を目的に三次市と三次農協、葡萄生産者、観光協会、地元市民と企業21社からなる第三セクター。

太田直幸（49歳）はニュージーランドのリンカーン大学で葡萄栽培とワイン醸造学を学びエノログ（醸造技術管理士）を取得。これまでの同ワイナリーのワイン造りから、一歩先きがける“飲み手が喜こぶワイン”造りを志向しています。

従来の小公子100％から、その年により小公子７または８に対し、マスカット・ベリーAを３または２をブレンドすることにより、これまでにない深みとまろやかなワインを作出しまた。

ブランド銘は「TOMOE小公子・マスカット・ベリーA」。昨年著者の主宰で東京・阿佐ヶ谷で行った「山葡萄＆山葡萄系ワイン試飲会」で大変好評であったことを付け加えておきます。

❻安心院葡萄酒工房　三和酒類株式会社

〒872-0521
大分県宇佐市安心院町下毛798
電話　0978-34-2210
あじむの丘農園
ヴィンヤード・マネージャー　中尾浩二
安心院葡萄酒工房長　古屋浩二

●プロローグ

「"農"のあるワインに挑む」

安心院葡萄酒工房、通称・安心院ワインは、焼酎「いいちこ」や日本酒の生産で知られる三和酒類の傘下にありますが、ワイン造りは「いいちこ」の生産以前の1974年（昭和49年）に遡りワイン造りが先輩格に当たります。2001年に安心院葡萄酒工房が誕生、本格的なワイン生産に入ります。

同工房は主に欧州系の葡萄品種によるワインを生産してきましたが、近年、山葡萄系交配種のマスカット・ベリーAのほか、際立つ存在感を示し始めた深紅の「小公子」ワインを作出するなど、多くの銘柄が国内のワイン業界に新風を吹きこむほどの進化を見せています。

（1）あじむの丘農園のテロワール

この優れた小公子のワインのほか、シャルドネの瓶内２次発酵での本格的なスパークリンワイン、また少量生産のメルローとカベルネソーヴィニョンのブレンドによる"ロゼ"のスパークリング、さらにデラウェアのデザートワインにホワイトブランデー、新ワインとして新登

安心院ALBARINO

場したスペインのガルシア産その「アルバリーニョ」はアプリコットやピーチの様な特徴香が強烈に感じられ、著者好みのバランスの良い辛口に仕上がっています。(2015年ALBARINO)

ワイナリー内のワインショップ

赤ワインではアメリカ系の品種のノートン、南アフリカ共和国で開発されたピノタージュ、フランスの土着品種タナなど様々な国の品種により野心的な新作ワインの生産に挑んでいるのが今日の安心院ワインの姿であります。

ワイナリー内の醸造施設

安心院町はもともと生食用の巨峰生産と、近年にわかに注目されている"民泊"の勢んな土地で知られてきました。安心院ワインとしては、2011年にワイナリーの西側に当る耕作放棄地4haを開墾し、自園「あじむの丘農園」を開園。独特のテロワールに即した葡萄栽培と高度の醸造技術に様々な工夫を加えたワインの作出に励んでいます。

葡萄を醸す

この農園では赤ワイン用に「小公子」「ベリーアリカント」「タナ」「ピノタージュ」「ノートン」、少し離れて白ワイン用品種を囲むように「ピノノワール」「メルロー」、中央部に白ワイン用の「シャルドネ」「ナイアガラ」「甲州」「アルバリーニョ」の11品種が金属製の支柱の下に見事なほどに整然と栽培されています。

多品種の栽培には品種の違いで収穫時期がそれぞれ異なり、気候の変動で思わぬリスクを豪ることがある。また市場に送り出しても評価がかんばしくないワインも時には生じるリスクもあります。
しかし、工房に長年たずさわっているヴィンヤード・マネージャーの中尾浩二、そして、現在の工房長で醸造責任者の古屋浩二は共にエノログ（ワイン醸造技術管理士）を取得していて、工房内のスタッフと地域の葡萄栽培者と協力し合い、互いに啓発しながら社の矜持と将来の進化したワインの作出に日々挑戦を続けています。

（2）ジビエ向けワインにトライ

古屋浩二は語ります。「安心院の山里の地の利を活かして鹿やイノシシなどの"ジビエ"を地域の食文化として地元で発信しようと動き出しています。安心院葡萄酒工房も地域の食文化を支える役割を担い、ジビエに合う安心院ワインの開発に着手しました」。そして、「赤ワインは果実皮と種をともに"醸して"仕込んで『かもし発酵』と呼ばれていますが、白ワインの品種にもこの赤ワイン造りの手法を用います」と。この初トライ！がどのような味わいとなるのか楽しみです。

（3）2016小公子の出来と新たなる山葡萄ワインを

ヴィンヤード・マネージャーの中尾浩二は安心院ワインの展開について次のように述べています。
「昨年（2017年）の国産ワインコンテストで2015スパークリングと2016アルバーニョの受賞もさることながら、本年の2015小公子の銀賞の受賞は大変画期的であったと思っています。山葡萄交配種の小公子が色調、酸味、味わい、余韻の特徴が評価されたと言えます。そして、九州の西南暖地で小公子の力強い個性が、発揮出来たわけです。
近く発売します2016小公子は丸みのある酸味と熟成度、14.5％のアルコール度の出来を、ワインファンの皆さんにどのように評価されるか大変楽しみにしています。
当工房は比較的新しい2011年から開始した育種においても、現在、栽培・醸造の特製のまとめの段階を迎えています。また大分の宇佐地域に自生している野生山葡萄エビヅルを探究し、その交配により新たなワイン造りに挑戦したいと考えています。」

著者としては、東のココ・ファーム・ワイナリーと西のこの安心院葡萄酒工房が日本のワイナリーの両横綱として索引する日を心から期待しています。なお本年2018年に、あじむの丘農園から約５㎞南東の標高200mの高台（安心院矢津地区）に総面積10haの新しく拓いた葡萄園が誕生しますが、この新しい葡萄園はこれまでの３倍に当たります。

❼高倉ぶどう園

〒878-0156
大分県竹田市久保1305-3
電話　0974-66-2448
園主　高倉敬志郎

●プロローグ
「小さなワイナリーのあるぶどう園」

高倉夫妻

手選果　手除梗

手破砕

葡萄畑

2004年に起業。ワイナリーの名称は2010年に開業した「葡萄の家敬土庵」の農家民宿の屋号をそのままに使用しました。

標高600メートルの阿蘇火山灰土の丘陵で2011年に初のワインの仕込みを開始。原料の葡萄品種は山葡萄系交配種の赤ワインは「小公子」「国豊１号」「マスカット・ベリーA」、白ワインは「甲州」を使用。

（1） ワイン特区のメーカー

栽培は不耕機草生栽培で、小公子、国豊１号などの山葡萄系品種については有機栽培を行っています。ワインの生産量は年間百数十リットルと大変少なく消費と販売はワイナリー内に限られています。これは、いわゆる「ワイン特区」のもとで製造しているワインメーカーとしては「おそらく日本で一番小さい」と園主の高倉は語ります。そして、具体的には農家民泊の宿泊客に提供し、「私達（家族）と一緒に食事してもらうことから、お客さんは料理もワインも文字通り顔の見えるものを

葡萄畑

口にすることになる」と言います。

現在のワイナリーの規模では自家栽培の葡萄を使用することを条件になっており、純粋に農家の手造りワインと言えます。手摘み収穫、手選果、手除梗、手破砕、手搾りと、さながら古い典型的な葡萄酒造りの踏襲であります。

（2） ワイン文化を下支え

自分の育てた葡萄で自らワインを醸造することが出来ることを実践して、日本のワインの文化の発展を底辺で下支えすることを信条にしています。もちろん次のステップとして２キロリットルの醸造を手掛け多くの人々に飲んで貰うことを志向しています。

小公子ワインについての構想を高倉は次のように話します。

「濃厚な色合いとコクが特徴で、野生的な酸味や苦味は飲み進んでいくうちに穏やかで心地良く感じてきて、ほんの微かに炭酸を感じられる。日本で生まれた品種による日本のワインが国際的に評価されるためには、やはり日本の葡萄で造られる必要があると常に考えていて、小公子はその中で特に個性的で良いワインになるポテンシャルが高い葡萄と見ている」。

小さなワイナリーながら、著者との思いを共有する面が多く、今後大いに期待している“匠”のひとりでもあります。

中編

ワイン造りと葡萄栽培の現場

第14章

葡萄栽培の“達人”

葡萄栽培の“達人”として近年の気候変動の激しい中、なみならぬ思念のうちに、長年挑戦している２つの農園を紹介しよう。

❶下田澤山ぶどう園

〒028-6611
岩手県九戸郡九戸村山根10-101
代表　下田澤榮吉

●プロローグ
「自然農法認定のぶどう園」

下田澤榮吉は岩手県九戸村で36年以前より本格的な山葡萄栽培に取り組んでいる山葡萄栽培の正に国内一の“達人”と言えます。

今から54年前の1964年（昭和39年）に酪農を営むかたわら林業に携わっていた晩秋のある晴れた日に、近くの山林で天然自生の山葡萄と出会い、日本葡萄愛好会の理事長澤登晴雄の指導を受けながら、山から採取した穂木を移植し、樹勢の強い苗木のみを選抜し育成し続けました。

現在は山野を開拓した葡萄畑は２ha、真冬はマイナス17度、積雪50センチの現地で凍害などの厳しい気象条件に耐えて生き残った生命力の強い葡萄樹のみを育てて40年近くを迎えています。近年は当初15度の糖度から26度を超えるまでに育種に進化がみられます。

下田澤山ぶどう園の山葡萄は、ワイナリー間での評判は高く、ワイナリーの供給のほか、自家用の酸化防止剤無添加の山葡ワイン「陽（ひかり）のしずく」のほか、高濃度ジュースの野生種「森の貴婦人」、生食用品種に野生種山葡萄を交配した新しい系統の果汁「山のぶどうしずく」を生産販売しています。

下田澤榮吉の山ぶどう園は「自然農法認定ぶどう園」、MOA自然農法文化事業団の認定によるもので、MOA自然農法ガイドラインに基づき管理され、３年間の審査機関を経て認定された農園。その条件は「除草剤、化学肥料は一切使用しない」四季折々の雑草が生い繁り、年に数回の現地の確認及び研修会の参加を条件としています。ちなみに下田澤榮吉は平成18年（2006年）８月１日に認定されました。

精気が漂う大地

昨年５月、著者は下田澤ぶどう園を訪ね、下田澤の自宅座敷で膝を交じえて懇談した後、山葡萄栽培の畑を隈無く見回って際に、35年以前の樹齢の山葡萄の直径23センチの本株から左右に水平40メートル以上延びている見事な枝の生命力と、そこまで手塩にかけて育成しきた下田澤の“達人”の技に感動し頭が下がったのでした。そして、岩手の奥深い内陸、九戸の山間部の厳しい環境下のなかにあって、南西のこの農園の一画のみが、なぜか現実離れした精気が漂う大地のように感じたものでした。

それは、本書第１章に記述した「深紅色の天丘からの恵み」を下田澤榮吉が力いっぱい享受しているような気がしたのでした。もちろん、この“天からの恵み”は、下田澤本人の50数年の強靭な精神力と弛み無い手法の進化の賜です。

2017年５月下旬、陽光に輝く春の下田澤の農園を目にした４ヶ月後著者の許に送られてきた、９月下旬の秋を迎えて深紅色に輝く山葡萄の房と実の写真を見比べ、山葡萄に魅せられた人間の内奥部に息づく自然との“共生”に対する喜びと神秘的な魅力を強く感じたのです。

❷kofugreener

〒400-15
山梨県甲府市白井町343
電話　055-266-3035
代表　宮川洋一

● プロローグ
「果樹との共生・自然流」

宮川洋一は甲府市内で生食用の葡萄と共に低農薬、化学肥料不使用の山葡萄交配種「小公子」を親子２代で天塩にかけ栽培しています。

この小公子を原料に「やまぶどう純正熟成搾原液」300ml詰めを生産販売。健康飲料として近年、大変注目されています。果樹育成、共生、収穫、販売の一貫責任管理とし、添加物なしの高度のポリフェノール（アントシアン等）を含む半年以上熟成させた純正搾原液「小公子」の純正熟成液のポリフェノールの含有は、県試験所での分析結果では100mlより368mgで、通常の赤ワインの役２倍強とされています。

２代目の宮川洋一本人は東京の大手電気会社関係のサラリーマンであ

やまぶどう純正搾原液

ピオーネ

りましたが、退職後に父親の宮川六一が甲府市内で無農薬農法にこだわり葡萄栽培を続けてきたあとを引き継ぎ、地元で生食用葡萄の栽培と販売のみではなく、小公子に高濃度のポリフェノールが含有することからPureの純液の生産を思いたったと言います。

農園のほぼ中央に父六一が育成してきた樹齢30年を越えるピオーネの樹が、どかっとした存在感のある風情で繁っていて著者に強く印象を与えました。

おそらく国内でもピオーネ栽培の草分け的存在でしよう。農園全体を網をかけるなど管理面で個性的な葡萄栽培を続けています。

後編

至福のワイン

第15章

シルクロードワイン連盟の誕生

後編　至福のワイン

この後編は本書の命題「日本ワインの源流」に少しそれると思われますが、第15章は2018年４月の国内でのワインのイベントの参加と、中国でのワインに関する新情報を、第16章「吾がワインの世界」は著者とワインとの出会い、第17章「ワイン挿話抄」は、著者とワインに関する数々のエピソードを記述します。

2018年春は国内でのワイン関係のイベント、海外では中国でのワイン関係の施設の訪問と国際会議など充実した日々を迎えることが出来ました。

まず２月中旬に日本葡萄愛好会の研修を兼ねた第58回の年次総会が九州の安心院で開催され、焼酎造りの大手、三和酒類の「いいちこ」と、その傘下のワイン生産工場「安心院葡萄酒工房」の各工場を見学しました。

４月に入り、11日に恒例になった東京国際展示場（東京ビッグサイト）での「ワイン＆グルメ展」を、また３日後の４月14日には、東京の日比谷公園内で全国60近くのワイナリーが出展した「日本ワイン祭」に立ち寄りました。

さらに３日後の17日に中国陝西省西安市郊外の国家農業特区楊陵でのOIV（注38）と著者が係わる西北農林科技大学との共同主催による第10回国際ブドウ＆ワイン高級セミナーへの出席のため小川孝（注39）と共に羽田国際空港を出国。

その日の午後に北京市の全中国の農業の牽引役である中国農業大学の「国家ワイン加工重点実験セン

（注38）
OIV
international
Organisation of Vine and Wineの略
本部パリ。世界46ヶ国と特例として中国など、５都市のワイン局が加盟している。ブドウとワインの優良品種の制定と保存及び加盟国のブドウとワインの発展を目的とした世界唯一の国際機関。アジアでは陝西省楊陵の西北農林科技大学葡萄酒学院内にOIVアジア事務局が併設されている。ちなみに日本は非加盟。

ター」を訪問。翌18日には河北省石家庄のアジア最大とみられるワイン用のコルク生産会社「河北百林軟木制品有限公司」を視察しました。

王軍中国国家ワイン加工重点実験センター次長と

翌19日から21日までの３日間は今回の中国訪問の本命となる300人以上が集る西北農林科技大学でのブドウ＆ワインの国際セミナーに出席。関係者との再会を祝すと共に、ワイン生産の今日的な重要課題の講演と討議、さらにシルクロードワイン生産のための新連盟（詳細は後述）の成立の立ち合うなど、充実した3日間を過しました。

第10回国際ブドウ＆ワイン高級セミナー会場

22日には西安から空路杭州に飛び、世界遺産の“西湖”、そして24日には杭州市のお隣り、2500年前を起源とする紹興酒の発祥の地「中国黄酒博物館」を見学。

25日に上海に一泊して上海博物館を見学。翌26日に帰国と、中国国内4500キロを巡り慌しい旅でしたが、大変有意義な日々を過ごすことが出来きたのです。

ここでまた本書の本題と少し記述がそれますが、今日なお躍進中の中国ワインに関する体験ですので日付を追って紹介します。

（注39）
小川孝
1946年会津若松生まれ。福島県会津若松市農業協同組合勤務後、会津若松市農業委員会会長。
現在、会津若松市農業委員、民生委員、児童委員等。日中友好協会若松支部会員。
著者と2001年３月、日本航空グループ主催のイタリア・フランスの夫婦による「熟年の旅」に一緒して以来の交遊。2015年４月（中国）西北農林科枝大学葡萄酒学院客員教授、同年5月福島県の農業の振興に貢献した功績により福島県知事から県知事賞を受ける。

1 中国国家ワイン加工重点実験センター

季華西北農林科技大学葡萄酒学院終身名誉院長と

前述のように、訪中初日の4月17日午後に北京市海淀区清華東路の繁華街の中心に在る1905年に創立した中国農業大学本部を訪ねました。通称中国では“農大”と云えばこの大学を指します。

著者たち（日本から同行の小川孝（注39）と通訳の涂青島大学生命学院助教授）を迎えてくれたのは農業大学傘下のカレッジ（College）「食品科学＆栄養工程学院」の「葡萄＆ワインセンター」の次長王軍教授。王教授自身も博士ですが、学院内の修士、博士課程の研究生への指導主任です。ちなみにセンター長の段長青教授は2日後の西北農林科技大学で開かれる国際ブドウ＆ワインセミナーの講師を務めるため打ち合せを兼ねて他省に出張中で、著者の学院の案内役のホストが王教授だったのです。

段長青中国農業大学教授、国家ワイン加工重点実験センター長

センター長の段教授は、著者が名誉教授を努める西北農林科技大学葡萄酒学院の初代院長（現、終身名誉教授）の李華博士と共に、全中国の葡萄とワインの2大指導者として知られ尊敬されています。李華は高齢となり、全中国のワインと葡萄関係の後進の指導の第一人者であり、段長青は栽培葡萄、特に山葡萄の育成と国家へのワイン産業の助言する立場の第一人者で、2人の存在は現在では国際的にワインの世界で注目を浴びてます。

さて、王教授の案内で院内の地下に在る「国家葡萄産業技術研究センター」と「中国国家農業部ワイン加工重点実験室」を見学しました。

実験室にはイタリア、フランス、ドイツなどのワイン機能分析器、ワイン芳香測定器、DNA検査機などが所狭ましと設置されて目を見張る最新の機器が設置されていました。

西北農林科技大学本部館

中国国家ワイン加工重点センター入口

このセンターは中国国家の中粮集団（COFCO）、つまり全中国のアルコール類の生産団体の総元締、中国粮油公団の資金援助によって、中粮集団の一つ「長城ワイン」の研究の役割を担っています。長城ワインは戦前から日本でも馴染みの銘柄で150年以前に創業。現在では民間資本により世界７大ワイナリーの一つに成長した張裕集団と中国を代表する２大ワイナリーであり、両社は全世界にワインを輸出していることでも知られています。

この長城ワインの葡萄栽培と醸造技術の研究を担っているのが、このセンターです。

しかし、長城ワインは品質と生産で張裕集団と比較して一歩も二歩も遅れをとっているとの著者の感想です。

王教授は、国家の威信を賭けて、合理的運営と効率的な生産、ワインの品質の向上を目指し、張裕に追いつき、追越すのが最大の課題であると、温厚な人柄の表情にもかかわらず、熱のこもった決意を語っていました。

察するに、張裕集団が民間で自由に世界を股にかけ、自由な発想のもとで躍進し続けているのに対し、何処かのお国のように、不自由な組織と伝統意識の強い国家の仕組のもとで苦慮されているのではないかと推測しているのです。

2 中国最大コルク工場

中国農業大学運営の四つ星のホテルに一泊した著者たちは、前夜に北京まで迎えに着いていた河北省の「河北百林軟木製品会社」の車で450キロのドライブで石家庄市の工業団地の一画へ。越代表の弟で40才前半のエネルギュシュな感じを漂よわせた越専務が出迎えてくれました。代表の兄はやはり中国農業大学の段教授と同じに明日から始まる1200キロ先の西北農林科技大学での国際セミナーに出席のため昨日午前に本社工場を車で出立していました。

左の自然コルク、右は合成コルク

コルク工場内

この河北百林コルク製品工場は越兄弟により7年前に創業。アルジェリア産のコルクの原木を輸入、ワインボトル用のコルクの完成品の生産を開始しました。

コルク工場会社の入口で記念撮影

中国国内の大手ワイナリーの張裕、長城、王朝など10数社に年間、自然コルク3000万個、合成コルク3000万個を供給しています。2、3年後には年間１億個の生産を目指していると言います。サイズは現在長さ38㎜、45㎜、49㎜で、各社要求の刻印も行っています。

コルクの品質基準の検査は、北イタリアのトリエステから専門技師が滞在、中国国家の基準に合わせ５名のスタッフに厳格に指導していました。

著者の知る限りでは、アジアの他の地域でのコルクの一貫加工生産は聞いていないので、中国のここ石家庄のコルク生産工場での、原木から完成品までの工程と、製品検査の一貫生産を目にして大変貴重な体験が出来たのです。

3 “一帯一路”の一環

4月19日から21日までの３日間開催された西北農林科技大学本部館での第10回国際高級セミナー（Tne 10th lnternational Advanced Seminar on Viticulsture and Enology）の最終日に、思いもかけず画期的で国際的な新たなワイン造りの新組織成立の式典に日本人の唯一の代表として立ち合う機会を得て大変幸いでした。

シルクロードワイン連盟成立式典会場

この新組織「絲之路葡萄酒科技創新連盟」（The Silkroad viti vinculture Sci-tech lnnovation Alliance）は、中国中央政府の経済と文化の促進のための新たな国際進路“一帯一路”の一環として中国ワイン産業の発展に、中国全土のワイン関係の学部、学科を有する25の大学から成る連盟に、欧米のワイン専門家（主に大学教授）による推進指導者を加えた国際的なワイン造りの組織的な新発足だったのです。

今回のワインセミナーには、パリのOIV（注38）の総裁をはじめ、フランス、イタリア、スペイン、中国、アメリカ、カナダ、オーストラリア、ジョージ

（注38）
OIV
international
Organisation of Vine and Wineの略
本部パリ。世界46ヶ国と特例として中国など、５都市のワイン局が加盟している。ブドウとワインの優良品種の制定と保存及び加盟国のブドウとワインの発展を目的とした世界唯一の国際機関。アジアでは陝西省楊陵の西北農林科技大学葡萄酒学院内にOIVアジア事務局が併設されている。ちなみに日本は非加盟。

ア、ニュージーランド、ポルトガル、アルゼンチン、そして著者ら日本の11ヶ国のワイン専門家（いずれも大学関係者）が参加。このセミナーに合せて新組織、“連盟”の成立の式典を開催したものです。古代のシルクロードの中国の起点、この西安郊外からウルムチまでの砂漠を越え、中東、小アジアを経て南ヨーロッパまでの旧シルクロードで産出されたワインの足跡の研究と、現代の新たな関係国とのワイン造りを目的としたもので、世界のワイン専門家にとっては画期的な発想と具現化の第一歩と言えます。

この新連盟の本部と事務局は、著者が長年係わってきた西北農林科技大学内に設置されました。加盟した大学は西北農林科技大学葡萄酒学院、中国農業大学、新疆ウルムチ農業大学、山東農業大学、煙台農業大学、四川農業大学、山西農業大学、寧夏農業大学など25の大学から成ります。

ちなみに４月17日に著者が訪問した中国農業大学のワインセンター長の段教授、18日にワインコルクの河北百林コルク会社の越代表のお２人とは、19日のワインセミナーの晩餐会で会って親交を深めたことを付け加えておきます。

４ ドローンで葡萄畑を管理

新たなシルクロードワイン造りの“連盟”成立の式典の前日、カナダのBROCK総合大学のアンドリュ教授のセミナー講演で、お膝元のカナダを初め、アメリカ、オーストラリアの広大な葡萄畑での葡萄の生育過程と葡萄の収穫時期の管理の実験に何機かのドローンを活用し、その効果の分析結果の発表があり、参加者から大変な注目を浴びました。

アンドリュ教授（博士）が閉会の晩餐会で、シルクロードワインの葡萄畑の開拓と管理に効果のあるドローンを活用すべきだと提案し、強調していた姿が著者には印象的でした。

残念ながら日本にあっては、葡萄畑でのドローンの利用を必要とする大規模の葡萄畑は少ないですが、参加していたスペイン、アメリカ、ポルトガル、オーストラリアの研究者は強い興味を示していました。なかでも中国のワイン関係者は、中国全土の葡萄畑の優良な栽培化のために、ドローンの活用の前提となるドローン自体の機能の進化に、大学の工学部と連携を図りたい、との意向を示していました。

いずれにせよ、ワイン用葡萄畑でのドローン利用が活発化するのは必死で、その成り行きに注目したいというのが今回のワインセミナーを終えての著者の実感です。

第16章

吾がワインの世界

1 グルメの洗礼

イタリアとフランスの優良ワイン

東京・駿河台の中央大学への入学が内定していた著者は学資の一部を稼ぐべく、地元立川の米軍航空基地の将校クラブ内のバー専属のアルバイトに就きました。

この1年近い将校クラブでのアルバイトは、その後の著者の人生にワインを含めた"食の世界の探求"という進路を定めるに至った多大な影響をあたえる動機となりました。

戦後10年目を迎えていた国内の経済状況と言えば、いまだ敗戦からの復興の途上にあり一般庶民の生活は苦しく貧しかったです。

それに反し、米空軍の将校クラブ内での日常の有り様（ありよう）は、日本人従業員の目からは華麗な洋画の１シーンを見るよう"夢"の空間であり、まさに別世界でした。

将校クラブは250名の下は空軍准尉から上は将軍クラス、加えて将校待遇の主に医療関係軍属を含め、その駐留家族からなる約450名のメンバーによって構成されていました。連日のランチやディナーをはじめメンバーの誕生日、軍内での転属、本国からの就任と帰国、進級の祝賀などなど様々なクラブでのパーティーは、日本人の目には贅沢三昧の極みに映りました。

基地の外に一歩出た街での一般家庭では秋刀魚（さんま）、鰊、肉と言えば鯨肉がご馳走の時代。クラブでは連日のようにシャンパンのコルクが飛び交うなか、テーブルにはローストビーフやオマール、ニューヨークステーキ，食後には南国のマンゴーやパパイヤと、どれ一つとっても一般の日本人の口に出来ない山海の珍味のオンパレードでした。まさにアメリカ合衆国の国威の全盛期であり、米軍が世界で最も豊かで力を鼓舞した時期でした。

18歳の少年の著者と言えば、広いメインダイニングを見下ろせる一段高いメインバーはもちろん、クラブ内での各部屋でのパーティーの仮設バーなどで消費されるアルコール類や清涼飲料、グラスなどの倉庫からの手当や準備、それに７名のバーテンダーの助手として、夜勤というハードな面を除けば、高額なバイト代に比して大変楽な仕事でした。仕事に馴れるとバーのカウンター越しに、平日は朝比奈五郎とその楽団、祝祭日（アメリカの）はゲストの楽団南十字星や日本の一流の芸能人のショーをはじめ顔馴染みのメンバー男女のいわゆる社交ダンスを眺める余裕も出来てきました。

そして何よりもバーのスタッフは仕事の休憩時間や終了後に、お客であるメンバーと同じ料理の残り物が厨房からの差し入れで食すことが出来ました。さらに帰宅間際(まぎわ)には各種のシャンパンやブランデー、ウイスキー、各国のビール、イタリア、フランス、ポルトガル、ハンガリーなどのワインなど、世界各国の美酒の飲み残しのお相伴ができたのです。その一部は料理の差し入れのお返しに厨房に届けられました。当時の日本の貧しい食糧事情のなかで“夢”のような環境と待遇でした。著者は未成年でありながら基地内での治外法権と将校クラブという特権階級の施設内で豊かな珍味と世界の美酒を堪能できたことは大変幸運であり、立川の米空軍基地での“グルメの洗礼”は、ある意味で自分の“聖地“であったと今も感謝しているのです。

2 正規バーテンダーに

少年期の著者にとって米空軍将校クラブでの実体験は、グルメの洗礼を受けると同時にワイン学入門の下地ともなりました。やがて著者のアルバイトが大学進学のためと知ったクラブの日本人従業員と、お客たるメンバーの米軍将校やその夫人たちからも苦学生として特別の目で見られ、大事にされるという思いがけない事情がバーでの雑用の仕事の後押しになりました。

しかし、その将校クラブでの快適な仕事が、皮肉にも大事な大学への進学の道が閉ざされるという事態を迎えました。米軍立川航空基地の滑走路の拡張工事にともなう反対運動、いわゆる砂川闘争（注40）が次第に激化し、これに参加していた中央、明治両大学のキャンパス内の環境が荒れて学業の継続が危ぶまれ始めました。そして肝心の立川航空基地の周辺は新聞報道でデモ隊と機動隊との衝突により血塗れ(ちまみれ)の重傷者が続出していると伝えました。著者を含めた米空軍直雇のクラブの従業員は基地内の日本人宿舎に泊まり出勤をするという深刻なものでした。クラブの従業員が出勤途中、ゲート前でデモ隊に阻止され大怪我したことも伝え聞きました。

基地内に缶詰状態の著者は昼間荻窪の高校に通えない状態が続き、熟考の末翌春の進学を断念、一年浪人する道を選んだのでした。

その翌年、東京農業大学の千葉の茂原に新設された移民のための農業拓殖学科に推薦入学した著者は、都会育ちの虚弱と農作業の不馴れから長期の開拓実習によって、しだいに体調を崩し、休学を余儀なくされたのでした。

休学中、立川で療養していた著者は復学した後に海外移住先で何かの折、役立つのではとの思いから新宿のバーテンダースクールに通ってバーテンダーの正式な資格を取得しました。ところが休学中の著者に高校時代の米軍立川航空基地の関係者から正規のバーテンダーとしてアルバイトしないかとの話があり、結局再度古巣のクラブに勤めることになったのです。しかし将校クラブの正規バーテンダーとし

（注40）
砂川闘争
在日米軍立川飛行場（立川基地）の滑走路の拡張工事に反対して1955年から1960年まで戦われた住民運動。1956年10月13日には砂川町の畑で地元農民と武装警官隊が衝突、28人近くが負傷し、13人が検挙され「流血の砂川」と呼ばれる事態に至った。翌10月14日日本政府は測量の中止を決定した。

て高額な月給取りとなったとは言え、長く勤める気は全く無く、あくまでも復学を志していました。

以前より少しは大人になり、仕事場のメインバーを改めてチェックすると、交流と参考のために訪れた当時国内で一流と称されていた赤坂のアメリカンクラブや帝国ホテル、横須賀の米海軍の将校クラブでの国際的な酒類の保有数と格式などと比較して優劣がつけがたく、麻布の狸穴のガスライト、横浜のニューグランドホテルのバーには優ることとが分かり自信を深めたのでした。

また仕事の終了後には以前と変わらず、飲み物が残されたボトルの世界の美酒を思いのまま相伴にあずかり、休学中とは言え20歳を過ぎた身は堂々と飲酒できる満足感もありました。

当時の日本の酒類業界は今日ほどのソムリエ制度は確立しては無く、ワイン類もバーテンダーのテリトリーにありました。

3 イタリアワインに傾注

クラブのイベントとして月２、３回、各国別の自慢グルメのフェアが開かれ、イタリア、フランス、スペイン、ポルトガル、トルコなどの料理に合わせたワインが大量に開けられました。なかでもイタリアンフェアのパスタ料理の一番人気は、当時菰に巻かれたイタリア中部のトスカーナのキャンティで、それが最近まで著者がイタリア全土のワインに傾注する契機となりました。

メンバー将校のうち少佐以上の中年の高級将校たちは第２次世界大戦中の後期、ドイツ軍との闘いでヨーロッパ各地を転戦した体験から、古きヨーロッパの中流階級並みのグルメ通とワイン通が多かったです。また若手のパイロットを含む尉官クラスの将校たちの多くは米本土の有数の工科大学や総合大学の工学部出身のエリートですが、ワインの飲みっぷりは今日のワイン党の一部に顰蹙（ひんしゅく）をかう中国人の飲み方同様の豪快で爽やかなものでした。現在の日本におけるフランス流主導のソムリエの訓導のマナーのせいか、身綺麗な姿（なり）に妙にヒソヒソ話しを建前とするイメージは全く無く、命を賭けて大空を飛翔する男たちのワインへの向い方に、著者はカウンター越しに常に好感を抱き、その背中にかってのローマ帝国の戦士や荒海を航海するマドロスたちを思い浮かべていました。

4 食足りて芸、実（みの）る

クラブの祝祭日のショーでのジャズ歌手の笈田敏夫をはじめペギー葉山、少女時代の江利チエミ、雪村いずみ、それにダークダックスやデュークエイセスなどの出演者に、休憩中や終演後の控室でクラブの厨房からの料理、バーからの飲料類が差し入れられました。著者も何度かコカコーラやビールを持参する機会がありましたが、控室での芸能人は口々に米軍基地の各クラブで饗応される飲食がギャラよりも「最高の楽しみ」である、と話していました。美味な飲食から遠ざかっていた当時の日本人にとって、クラブでのグルメは最高の馳走であり、諺（ことわざ）の「食足りて礼節を知る」ではないが、「食足りて芸、実る」ということではないかとしみじみと感じたものです。

（注41）
安保闘争
1959年から1960年、1970年の２度にわたり日本で展開された日米安全保障条約（安保条約）に反対する国会議員、労働者や学生、市民および批准そのものに反対する国内左翼勢力が参加した日米史上で空前の規模の反政府、反米運動とそれに伴う政治闘争、傷害、放火、器物損壊などを伴う大規模な暴動である。自由民主党など政府側から「安保騒動」とも呼ばれた。

5 米大統領秘書にマティーニ

この項及び次項6では本書の命題の“ワインの世界”から少し脇道に逸（そ）れるが、著者の立川米軍航空基地将校クラブでの２回のアルバイトを通じ、当時はもちろん現在までに全く報道されなかった大変貴重な事実の体験を敢えて記述します。

国内で安保闘争（注41）が激化して最高潮に達していた1960年、アイゼンハワー米国大統領の初の訪日が内定し、その先駆けに訪問先の国情把握と打合せのために来日したアイゼンハワー大統領の新聞係秘書（現在の大統領府ホワイトハウスの大統領報道担当特別補佐官に当る）ハガチーは、日本の表玄関である羽田空港で米大統領訪問阻止の大規模な抗議デモに会って乗用の車が立ち往生するなか、抗議の罵声を浴びるなど散々なめにあったことが報道されて、その後の動静が注目されていました。

羽田で騒動のあった２日後の夜、日本で最も注目されている人物・ハガチー大統領秘書が突然、マッカーサー駐日米国大使とともに立川基地の将校クラブに現れたのです。クラブ内は極度の緊張感が走るなかクラブ将校のマネージャーの先導で、何といきなり著者が直立しているバーカウンター席に大使と共に陣取ったのです。

新聞でみかけた黒縁（ぶち）メガネ越しに鋭敏な眼の光が一瞬感じとられましたが即座に微笑み顔で、「君はハマノか？」と訊ねました。著者が硬い表情のなか「ハイッ」と答えると、「先週、このバーに来た大統領専用機のパイロット、ディーモン大佐から君のマティーニ（注42）は極東一だと聞いたよ、是非マティーニを」とオーダーしました。

著者は瞬時に周囲の関係者が見詰めるなか、チーフバーテンに眼を遣（や）ると“よし”との反応が帰ってきたので、背後の棚からビフィータージンを手

（注42）
マティーニ（Martini）
カクテルの一つ。ジンとベルモットを主体にオリーブの実を添えることが多い。食前酒として飲まれることが多い。

に取り、シェイカーに氷とベルモットを加えてカクテルグラスに注ぎ、オリーブを添え、おそるおそるハガチー秘書の前に差し出しました。グラスを口につけ一口飲んだハガチーは、「美味しい」と言い、残りを飲み乾すと、「もう一杯」とお代わりを注文しました。マティーニのお代わりは滅多に無いことなどでホッとし安堵しました。

やがてマッカーサー大使と何やら小声で話したあと、立ち上がり、著者の前に50ドルのチップを置くと足早やに下方のメインダイニングへと席を移しました。その折、臨席のマッカーサー大使が何を飲んだか緊張の余りに覚えてません。クラブのマティーニは20セントで、1ドル360円の当時、一般人の初任給が1万円前後であったので、法外なチップに著者は胸が熱くなったのを覚えています。

翌日ラジオの報道で知ったのですが、羽田からの本国への帰国予定がデモの騒乱を避け、米政府側の配慮によりハガチー大統領秘書は急遽立川航空基地から軍用機でアラスカ経由によりワシントンに帰ったのでした。

帰国前夜の立川の将校クラブでのハガチーの飲食は突然のことであり、著者のドライマティーニは平凡なものと思われますが、羽田でのデモの襲来を受け同胞の軍事基地での解放感のひとときに口にしたカクテルは格別なものであったに違いありません。また大統領専用機のパイロットもアジア各地の飛行滑走路を下見したのち、立川航空基地での帰国前夜の安心感が極東一のマティーニと言わしめたのでしょう。カクテル一杯とは言え、人の口と舌は、その飲料時の人の心理情況によって不味(まず)くも美味(おい)しくも感じるということを知った貴重な体験でした。

6 源田実空将と日章旗

将校クラブでの著者の勤務時間は普段は午後3時から12時までであり、土・日は午後4時から午前1時となっていました。前日に10時出勤を指示され、クラブ裏の厨房横で調理中特有の旨味の熱風を嗅ぎながらパンチカードを押して更衣室で着がえた著者は、これも指示されていたクラブの正門のフラッグポール前に足を進めました。

ところが驚いたことには、フラッグポールに向かって左側にはそれぞれの金ピカな楽器を手にした空軍音楽隊の兵士が12、3人、また反対の右側には7、8人の佐官クラスの空軍将校に混じり1つ星の准将から3つ星の中将までの4人の将軍の姿が見えたのです。立川航空基地の司令官が2つ星の少将、3つ星となるとお隣りの横田基地の司令官でした。まさに国内での米空軍の綺羅星が一堂に会している感があり著者はあっけにとられたのでした。しかもその左右の将兵の真ん中に、一列縦隊に並んだ顔馴じみのクラブの日本人スタッフ６名が職場ごとのそれぞれのユニホーム姿で整列しているのが目に入りました。つまり著者の直感としては日本人のクラブスタッフが招待客のようで、それを挟むかのように音楽隊と大勢の将校が立っていたのです。

黒の上下に蝶タイの著者は、クラブのスタッフの手招きでやや中ほどに割り込み、音楽隊の楽器が太陽の光りで反射し眩しさを感じながら、何事が始まるのか期待と緊張のなか胸を張って立っていました。やがて、気が落ち着きポールフラッグを仰ぎ見てまた驚きました。５本のポールの中央に日の丸が翻(ひるがえ）っていたからです。平素はそこに星条旗、右に立川航空基地の鷲が翼を広げた旗、左には日章旗と決まっていたからです。これによって間もなく日本人のかなりの高貴な、つまり皇族かまたは政治家でも首相か防衛庁長官がクラブに来訪するのではと予想したのでした。

（注43）
源田実
1904年（明治37年）～1989年（平成元年）日本の海軍軍人、航空自衛官、政治家。海軍では海兵52期を卒業。最終階級は大佐。飛行操縦で「源田サーカス」と知られた。戦闘機パイロット、航空参謀を歴任、第三四三海軍航空隊司令として終戦を迎える。自衛隊では初代航空総隊司令、第三代航空幕僚長を務め、ブルーインパレス（源田航空団）を創設した。航空自衛隊の育ての親。
政治家としては参議院議員を24年務めた。また赤十字飛行隊の初代飛行隊長を務めて世界の航空界でその名を知られた。

著者のその予想に反し、間もなく遠方の広大な滑走路付近からジープのエンジン音が響き、先導に星条旗と日章旗の小旗をなびかせ、小型ジープには米軍のMP3人が乗りこ込み、その車輌の後に続き中型のジープがクラブの正門に近づいて来ました。中型のジープの後部座席には、向って手前に驚いたことに何回かクラブの貴賓室で見かけたアジアでの米国空軍を総括する第5空軍の4つ星の司令官、そしてその横には何と源田実空将（注43）が少し緊張気味に座っていたのです。しかも源田空将のみが戦闘機用のパイロット服を着たままで、たった今ジェット戦闘機から降りたという様子が分かりました。

やがてジープから降りた源田空将はクラブ正門前に聳（そび）えるフラッグポール前まで近づくと､米軍の全将兵からの敬礼を受けましたた。これに答礼する源田空将に我々日本人スタッフは折目ただしく腰を折った、と同時に音楽隊は「君が代」を演奏し始めました。すると源田空将は身を翻して空になびく日の丸に敬礼。米将兵もそれに倣って全員が日の丸に向い敬礼。著者はその一連の儀式のなかで胸に熱いものがこみ上げてきました。そっと左右を見るとクラブのスタッフのなかに手で顔を被っている者、また古参のチーフコックは嗚咽していました。

君が代が終ると次に米合衆国の国家の演奏に移りました。両国歌の演奏が終了すると源田空将は整列している米国の将官、佐官ひとりひとりと握手したあと足早にクラブの日本人スタッフに近づくと「ご苦労様です」と声を掛け、日本人を代表して一歩前に出たチーフコックと握手を交わし、米空軍の高級将校に囲まれてクラブ正門の回転式ドアの中に消えて行きました。

当時、源田実空将は53歳の年齢で新型の米国空軍のジェット戦闘機をひとりで操縦し、日本の航空自衛隊の頂点である航空幕僚長の地位にありながら、自衛隊の浜松基地の第一航空団のジェット機隊に、ブルーインパルスの飛行訓練につとめ、世界の軍用パイロットの間で「源田サーカス」とも呼ばれ、尊敬され、英雄視されていることは、米軍航空基地に務める日本人の誰もが知っていました。

この日の源田空将の英姿は、クラブの日本人スタッフにとって忘れかけていた日本人としての矜持を思いおこさせるまたとない1日でした。そしてクラブマネージャーの米空軍大尉の日本人スタッフへの配慮を、著者としては今も忘れられない良き米国人のひとりとして記憶に残っています。

7 アジアでの食材開発

立川将校クラブでのアルバイト中に、東京農大茂原分校の農業拓殖学科のかっての同級生の海外移住の見送りに、何度か横浜港の埠頭に駆けつけた著者は、地方出身の逞(たくま)しい彼らの勇姿を見るにつけ己(おのれ)の体力の限界を知りました。熟慮の末に東京農大を退学、同時に将校クラブを退職し、心の底に宿していた文筆の世界に挑戦することを決意しました。

幸いにも縁あって、その後の7年間、海運の通信社を振り出しに経済専門の日刊紙、財政の専門紙の編集記者を経験。27歳の若さでデスクも務め取材と文筆の腕を磨くことが出来ました。

海運の記者時代に当時の運輸省と通産省の記者クラブ詰めを経て海運記者クラブ（現在の霞ヶ関ビル、旧華族会館）詰めの常駐記者時代、日本を代表する日本の外国航路定期船会社の日本郵船、大阪商船、三井船船など大手11社の代表や重役から、取材時や夜の招待によって久しく遠のいていた世界の美酒を堪能できました。ことに欧州の駐在支店勤務を長く経験してきた重役たちに招待され銀座や赤坂のクラブやキャバレーで各国の銘柄ワインを味わうことが多かったです。

そして24歳の1961年、日本のパスポートの発給が１万人程度の当時に、大手船会社の肝入りによってひとりアジア７ヶ国の探訪を外航船に乗船して体験出来たことは、著者の青年時代で最も刺激的で幸運な実体験でした。その１ヶ月半の船旅での訪問国の1つに、旧ベトナム共和国の首都サイゴン（現在のホーチミン）でゴー・ディン・ジェム政権の圧政に抗議する尼僧が、国会前の路上で自ら油を浴びて焼身自殺する光景を垣間みた著者は、大きな衝撃を受けたのでした。

それまで「ペンは剣より強し」との自負が無惨に砕かれ、アジアの貧しい人々にとって書物よりも食材、薬品が最重要なことを思い知った旅だったのです。この現実を目にして農業拓殖を選んだことが間違っていなかったと改めて思い知らされました。その後、結婚したため大人しく３年間記者生活を送ったのちに、潔くペンを折り、アジアの食材の開発に傾注することになりました。

韓国での漬物用野菜の栽培と加工、タイ、フィリピンの魚類の養殖、台湾での合鴨の飼育や鰻の養殖とその加工、マレーシアでの鶏の飼育とスッポンの養殖など､年の半分以上が海外での生活の繰り返しで､現地での苦労も多かったですが､主に南国での日々の滞在を楽しんでいました。

海外での食材開発に勤（いそ）しんだなか、著者は大きな事件に遭遇することになったのです。

鰻の養殖用のシラスが当時世界的な不漁により、それまでの平時の1キロ当りの価格5、６万円がプラチナ価格と呼ばれる40万円台にまで高騰していました。台湾香港の食材事情に明るい著者に、浜松の鰻養殖業者から３割ほど価格が低い中国のシラス100キロの買い付け依頼があり、男気からこれを引受けて中国に乗り込んだ著者は、当時、中国での大手貿易ブローカーを裏で操（あやつ）る中国の国家主席鄧小平の長男鄧樸方の策略により、シラス100キロが20キロに目減りし、しかも代金2千5百万円の回収が不能となる不祥事事件に巻き込まれたのです。1986年３月のことです。この頃、3千万円で1軒家が購入が出来、日本円が中国での貨幣価値が40倍の時期でした。

この事件は鰻業界はもとより日本の対中国貿易業界で大変注目され、1988年11月17日発売の文藝春秋社の週刊文春に「福建省ウナギゲート事件」として鄧小平の写真入りで、著者の実名で発刊されました。ページ10枚の長文の同誌は僅か1週間で60万部が発売され、中国貿易を始めた日商岩井や大蔵商事から、その真相についての講演要請があったほど話題になったのですが、その後2年間は中国への入国は禁止となりました。

しかし、この事件の怪我の功名とでも言うのか、当時出版業界で花形編集長と言われていた週刊文春の花田紀凱と知己となり、1995年８月号の月刊文藝春秋誌に「ヤルタ会談記念ワイン」が出筆掲載することになります。また被害を被った著者が７年後に中国の西北農林科技大学の客員、そして名誉教授になるとは、人の運命は五寸先分からないことを実感したのです。

8 ヤルタ会談記念ワイン

月刊文藝春秋に執筆、掲載した著者の「ヤルタ会談記念ワイン」の主な内容は、第2次世界大戦の終末を迎え、連合軍の主要３ヶ国のアメリカのルーズベルト、イギリスのチャーチル、ソ連のスターリンの３首脳がウクライナのクリミア半島のヤルタで1945年2月に会談。終戦処理と共に、50年後の1995年の世界の平和を祈念して会談場所に近いマサンドラワイナリーで記念ワイン2千本の生産を約したものです。

この著者の月刊文藝春秋の掲載は短文であったが同誌の巻頭文に「この国のかたち」を百回以上連載中の、著者が尊敬してやまない司馬遼太郎の次の項に掲載されたことで大変光栄なことあり幸いなことでありました。そして、この文藝春秋の掲載によって著者はワインの研究に弾みをつける契機ともなったのでした。

なお、この文藝春秋の1995年の８月号は現実には前月の７月に発売されていて、「ヤルタ会談記念ワイン」を読んだ読者は少なからず多かったと予想されます。

ヤルタ会談記念のワインの上はラベル、下はワインと化粧外箱

これを踏まえ、その折に文藝春秋の編集委員であった花田紀凱が音頭を取って、終戦から50年目に当る1995年８月15日に紀尾井町のイタリアンレストランで「幻のワインを飲む会」が開催されたのです。

主役は著者が所持していたヤルタ会談記念ワインのマディラとポルトタイプの3種3本で、参加者は作家、評論家、ＴＶ雑誌の報道関係者とそれに当時麻布のロシア大使館の一画に同居していたヤルタワインの生産地、ウクライナ共和国の大使と経済参事官が急遽ゲストとして参加。幸いにも大変盛り上がり、著者は終戦50年目の“ヤルタ会談ワイン”に対し、執筆を含めておおいに面目を果たしたのです。

⑨ 食いもの探偵団団長

前項の⑧のように月刊文藝春秋の寄稿文「ヤルタ会談記念ワイン」（注44）は1995年の8月号に掲載されました。

その7ヶ月以前の1月に、文藝春秋社の月刊誌「マルコポーロ」の編集長であった花田紀凱の肝入りで“食いもの探偵団団長“の初仕事として、「杜仲茶200億円戦線異状あり」を執筆掲載しました。当時、杜仲茶が健康茶として家庭向けに爆発的な人気となっていたなかで、著者が新たに“グリーン杜仲”を開発。製造特許まで取得したが、某造船会社の“武士の商法“の失策によって杜仲業界は大混乱の末、僅か１年半でブームが去ったことの真相を糺(ただ)した内容でした。

次に３年後の1998年の１月号に花田紀凱が朝日

（注44）
ヤルタ会談記念ワイン
1995年３月、旧ソ連のクリミア半島のヤルタにあるロシア皇帝の夏の「リバーディア宮殿」において第二次世界大戦の終結を前に、その処理の検討のためアメリカのルーズベルト、イギリスのチャーチル、ソ連のスターリンの三ヶ国の首脳が会談を行なったのが有名なヤルタ階段である。
この会談で50年後の世界平和を祈念して、ヤルタ近くのマサンドラワイナリーでクリミア産の葡萄によるポルト及びマディラタイプの記念ワインの生産を約した。50年後の1995年３月に、飲用可能な記念ワイン約800本（記念ワイン以外を含め3000本）が世界に売り出された。
この記念ワイン３本を著者が日本航空グループの日航商事（後のJALワイン）に予約注文し、同年７月末に手許に届いた。予約時に１本２万から３万円の記念ワインは、８月の飲用解禁間近かには３～５倍のプレミア価格となり話題を呼んだ。
ボトルのラベルにはヤルタ会談の３ヶ国首脳３人が椅子に座った写真の容姿がくすんだ黄土色に浮かんでいるのが印象的。

新聞社刊の雑誌「ウノ」(UNO)の編集長に就任。その創刊号に著者の"食いもの探偵団団長"の第2弾としてUNO・Gourmet「女性のための全国駅弁ベスト50」をカラー12頁にわたり執筆寄稿しました。この執筆に全国の代表的なこだわりの駅弁120箱を取り寄せて試食しましたが、「ウノ」に掲載した50の駅弁は20年後の現在も27箱が発売され人気を博しているのです。

その後ワック社で花田紀凱が創刊した月刊ウイル(Will)の2009年10月号に「ヤルタ会談記念ワイン50年後の皮肉」(注45)、また同年12月号に、著者が中国唯一のワイン醸造大学の名誉教授だったこともあって、「恐るべしワイン大国、中国」(注46)に"食いもの探偵団団長"として寄稿掲載しました。

こうした当時の花形編集長として出版報道業界で名を馳せていた花田紀凱が、著者の広い意味での「食」に対する造詣を多として、長い間評価してくれた背景には次に紹介する著者の多様な食に関係する開発研究の発表文を目にした上での配慮であったものと考えています。

(注45)
ヤルタ会談記念ワイン50年目の皮肉。
前項(注43)のヤルタ階段記念ワインの50年後の解禁を前に、世界中に僅か800本売り出して争奪戦が繰り広げられた。いずれも50年前は敗戦国の日本を含めたドイツ、イタリアがそれぞれ300本を注文した。(但し記念ワイン以外に同時に売り出すエサンドワイナリー所有のオールドワインは別枠)これに対し戦勝国のアメリカ、イギリス、ロシアの窓口のバイヤーは不公平だとクレーム。最終的には各国120本で折り合いがついた。
しかし、50年後の世界平和を祈念したワインラベルの主役3首脳の思いは果たされずに冷戦時代が続き、当時のウイル誌の花田編集長が表題を敗戦国の躍進ぶりを含め「50年後の皮肉」と名付けたのである。

「グルメ百話」

健康食新聞連載、1976年~1978年。

○鹿肉、猪肉、きじ肉、鴨類、八つ目鰻、鰻、スッポンなどの食材の人体への効用を紹介。

このほか同誌に「赤ワインの効用」「杜仲茶復活宣言」また同誌系列の「フードスタイル21」に健康に関する食品の解析を連載。

「濱さんの特殊魚探訪記」

日本養殖新聞、1982年～1987年の6年間、96回の長期連載。

アジアでの鰻、ナマズ、田鰻、ブラックタイガー、ワニ。国内での琵琶湖、利根川水系などの淡水魚類の各産地での生態と養殖状況を探訪。

「グルメとり百話」「食文化春秋」

台湾で著者が改良した合鴨「クラウンダック」

日本食鳥新聞は（社団法人）日本養鶏連合会の機関誌。「グルメとり百話」は鶏、鴨、黛鳥、七面鳥、烏骨鶏、うずらなどアジアと国内での飼育状況と著者が改良した台湾での合鴨「ロイヤルダック」「クラウンダック」などの紹介とその料理。「食文化春秋」は鹿、鴨、熊、猪のジビエ料理のほか会席料理、精進料理、おせち料理などの伝承とその特徴を解析。

これら各誌の掲載は28年間で218回。原稿用紙で約3,650枚、文字数は全て手書きで146万字と今振り返っても若さも手伝ってか、専門誌によく書きまくったと思うのです。

実践と文筆の２刀流の著者のこうしたエネルギーを花田紀凱編集長は常に忘れず、周囲に多くのグルメ通の知人がありながらも、著者を敢えて“食いもの探偵団団長”として呼称、起用してくれたことに疎

（注46）
恐るべしワイン大国、中国
月刊誌ウイルの2009年12月号に著者が寄稿した記事。2008年の北京オリンピック開催に合わせて急成長した中国のワインの生産の実情を紹介し、これを支援してきた北京中央政府の１つに「農民の収入増」、２に「ワイナリーへの雇用促進」、さらに著者から見た欧米のワイン専門家の中国ワイナリーへの手抜きの指導の実態等を記述。

遠となった現在も陰では大変感謝しているのです。

⑩ 中国のワイン大学に21年

（1）アジアで唯一の醸造大学

西北農林科技大学酒学院（Northwest Agriculture and Forestry College of Ecology）はアジア唯一のワイン醸造大学として、1994年にそれまでの西北農学院醸造学科から独立して今日に至っています。所在地は中国のほぼ中央の平原にあたる陝西省咸陽市の国家農業特区の楊陵地区内で、総合大学西北農林科技大学の学生数３万人のうち、葡萄酒学院は傘下の20の学院にあっては最も少ない400人で、ワイン醸造の専門家を育成する特別な教育を行なっています。総合大学内には葡萄酒学院とは別に古い歴史を有する林学院が葡萄樹の栽培技術の研究及び教育を専門的に行なっています。

葡萄酒学院の国際的な特長としては、院内にOIV（国際葡萄＆ワイン機構、International Organisation of Vine and Wine）（注38）のアジア唯一 のアジア事務局を併設し、パリのOIV本部からの指示でフランス、イタリア、スペインなどワイン先進国からの指導者や研究者が常駐、中国の内陸部にあっても国際的なワイン研究に欠かせない豊かな環境下にあります。

毎年４月中旬に開催しているOIVと葡萄酒学院の共催による国際葡萄＆ワイン会議は同学院での開催と、10年前からは1年置きに開催地を中国の外部の主要都市で行なうようになりました。その狙いは国

（注38）
OIV
international
 Organisation of Vine and Wineの略
本部パリ。世界46ヶ国と特例として中国など、５都市のワイン局が加盟している。ブドウとワインの優良品種の制定と保存及び加盟国のブドウとワインの発展を目的とした世界唯一の国際機関。アジアでは陝西省楊陵の西北農林科技大学葡萄酒学院内にOIVアジア事務局が併設されている。ちなみに日本は非加盟。

家と学院が会議を院外の都市部で開催することによって広い国土でのワインの啓蒙化を促進する目的と共に学院の教員、学生と、現地の有力者との交流によって、将来学院の学生OBがワイナリーやワイン関係企業への就職という一石二鳥の判断によるものです。

著者もこれまでに山東省煙台市、広東省広州、深圳市、遼寧省瀋陽市郊外、上海市、江西省南部の崇義県での会議に参加しています。このOIVと葡萄酒学院の国際会議は学院と１年置きの市県別での開催時にはフランス、イタリア、スペイン、アメリカ、カナダ、オーストラリア、香港、台湾、南アフリカなどのワイン専門家や大学教授が常時参加しています。日本では残念ながら著者のみが21年間参加し、3年前からは著者の知人で福島県会津若松市の農業委員（前会長、市の日中友好協会会員）の小川孝（注39）が参加するようになったのです。

葡萄学院の初代院長は李華で、中国での栽培とワインの生産の専門家の育成に大きな実績を上げたことにより終身名誉学院長となり、２代目院長は李華の夫人、王華。昨年2017年には房玉林が３代目の院長に就任しました。房新院長は21年前、当時の大学院生で著者の講義を聴いた学生であり、時の流れを感じざるをえません。

（注39）
小川孝
1946年会津若松生まれ。福島県会津若松市農業協同組合勤務後、会津若松市農業委員会会長。現在、会津若松市農業委員、民生委員、児童委員等。日中友好協会若松支部会員。
著者と2001年３月、日本舫官グループ主催のイタリア・フランスの夫婦による「熟年の旅」に一緒して以来の交遊。2015年４月（中国）西北農林科枝大学葡萄酒学院客員教授、同年5月福島県の農業の振興に貢献した功績により福島県知事から県知事賞を受ける。

（2）国内ワイナリーの現状

中国の葡萄酒学院と著者の縁が出来た1997年当時、中国のワイナリーの数は400余りでましたが、21年後の現在は２倍強の900弱へと増大した。同学院の正規の４年生以上の学生と短期（1年から２年）研修生を合わせた卒業生は2000名を超え、中国の北、黒龍江省から南の雲南省の大中のワイナリーでオーナーまたは幹部として活躍しています。

著者は幸いなことに毎年学院とOIVが開催される国際会議への参加の折、学院のOBのワイン関係者からの招待により中国各地のワイナリーを訪問しています。印象的だったのは、西の新疆ウイグル自治区の天山山脈に近い砂漠地帯の「糸都酒業」、寧夏ウイグル自治区の「賀葡山ワイナリー」、山西省の「戒子ワイナリー」、煙台市の「張裕ワイナリー」、北京の「張裕愛斐堡国際ワイナリー」、四川省山岳地帯の小金の「九塞溝ワイナリー」、さらに、江西省崇義県の君子谷桃源郷の「君子谷ワイナリー」など日本はもちろん、ヨーロッパなどでは見られない特異な環境下での栽培とワイン生産に驚かされることが多かったです。しかもこれらのワイナリーのワインは良質なものが多いことも強い印象を持ったのです。

このような地形、地質、気候条件など特異な環境下での栽培とワイン作りでのワイナリーの大半が、その立ち上げに先鞭をつけたのが当の中国人ではなく、フランス、イタリア、ドイツ人によるヨーロッパのワイン関係者であることを著者は知って不思議な感じを抱いたのでした。面子を重んじる中国人が、その事実を伏せることは理解できますが、事に当った当のヨーロッパ人がその事実を語らないことに著者は長いこと違和感を感じていて、ワインの国際会議に参加した中国のワイナリーの開拓者にこの疑問を質すと主に次のような回答が返ってきました。自国でのワイン造りを断念した理由は「土地取得の高騰」「農地の農薬まみれ」「ワイン造りのユダヤ資本との軋轢（あつれき）」「中国でのワイン造りの将来性」などをあげ、30年以前から中国でのワイン造りの踏査に当ったとのことでした。

こうした下積みの踏査が中国の開放経済の波に乗って、今日の中国ワインの生産の拡大の礎（いしずえ）となった事実は国際的に意外と知られていないのです。

現在、中国では欧米系のによるワイン生産が85％、山葡萄系によるワイン生産が15％、海外からのボトル詰めとバルクの輸入ワインを含めて160万トンの消費となり、生産国としては世界５位、消費国として６位にまで成長しているのです。

（３）近くて遠い国

多くの日本人は、著者が中国のワイン大学に関与している事実に、「中国人はワイン飲めるの？」「ワインを生産しているの？」と懐疑の目を向けます。同様に中国人の多くは「日本人はワイン飲めるの？」「日本でワインを生産しているの？」と日本人と同様の質問をします。日本と中国は日本海を挟んだ隣国で、紀元3世紀には倭の国（日本）の邪馬台国卑弥呼の使者が中国の洛陽を訪ねて以来交流を深めてきた歴史的経緯がある、にもかかわらずです。ワインについては両国の間は“音痴”と言える情況なのです。

中国に関してはイタリア人の商人マルコポーロ（1254年～1324年）が「東方見聞録」のなかで、旅行中に山西省太原郊外で現地中国人がワインを生産していることを記述しています。またそれより５年前の日本の僧侶空海（774年～835年）が長安、現在の西安に滞在中に葡萄酒を飲んだ形跡があり、加えてそれ以前の奈良時代の阿部仲麻呂（698年～770年）が李白と葡萄酒を酌み交わしたと現地中国人の間で伝えられているのです。もっとも中国の長い歴史のなかで不幸にも数回、禁酒断絶した時代がありましたがBC（紀元前）1751年の殷、さらに遡った夏の古代遺跡からワインを貯蔵した壷と酒器が発見され、中国と米国の共同調査団のこの発見は国際考古学学会が公式に認めているのです。

古(いにしえ)のこれらの真相はさておいても、少なくとも中国のワインの歴史は、ニューワールドであるアメリカ、チリ、オーストラリア、南アフリカ、ニュージーランドより遥か以前に生産され飲用されてきたことは疑いの余地はないのです。日中両国のワインに関する“音痴”は残念ながら“近くて遠い国”と言わざるを得ない実情を抱えていると言えます。

後編

至福のワイン

第17章

ワイン挿話抄

（年代順）

1 日航の“プリンセス・ミチコ”

日本航空グループの旧日航商事が、当時の大沢商会のワイン事業部との併合によりJALワインを創設して間もない頃のことです。

皇太子、美智子両殿下（今上天皇、美智子皇后）の何年目かのご成婚を祝賀して、JALワインがロゼのスパークリング“プリンセス・ミチコ”をリリースすることになったのです。

このスパクーリングを赤坂のそれなりの品格のある会場での試飲会に、JALワインのＴ専務から招待されていた著者は、注がれて泡立っているロゼの美しいシャンパングラスを片手に、Ｔ専務に近づき、「このネーミング、宮内庁の了解を得たの？」と小声で質（ただ）すと、「サァー」と曖昧な答えが返ってきたのでした。

試飲会から２、３週間ほど経過してＴ専務より著者に、「あなたが危惧していたように、売り止めになったよ」と連絡がありました。「やはり」と納得しましたが、できの良いスパークリングでした。

世間一般に余り知られずに済んだ事実です。

2 白馬東急の“バルバレスコ”

長野県の冬季オリンピックの開催が1998年に決定してのち、食材供給の打ち合せに頻繁（ひんぱん）にメイン会場となる白馬村周辺を訪れていた著者は、老朽化した和田の森の白馬東急ホテルが近々取り壊されて廃業するとの情報に、東急ホテルのファンだったことから大変淋しい思いでいたのです。

そうしたなか、オリンピックの開会式に長野に来訪される天皇、皇后両陛下が宿泊されるに相応しいホテルが白馬周辺に見当たらないことから、日本オリンピック委員会が当惑していたのですが、それを聞き知った東急グループの五島オーナーは、旧白馬ホテルの所在地にホテルを建てることを決意したのでした。

２年半後、新装の白馬東急ホテルがオープンすることとなり著者が招かれたのでした。旧ホテルのメインダイニングは１階のどちらかというと堅苦しいフレンチ様式でしたが、新装のダイニングは２階でのイタリアン様式に替わり、明るくカジュアルな雰囲気を醸（かも）し出していたのです。

妻と２人で座った籐仕立のテーブルの上のワインバケット（パニエ）に、何と北イタリア、ピオモンテの黒白ラベルのガヤのバルバレスコが横たわっていたのです。著者はガヤのバローロを含め大ファンだったのですぐに抜栓しディキャンタに移して貰いました。

やがて、バルバレスコの力強い芳香はあちこちのテーブルから発散して漂よい、ダイニング一杯に広がったのです。

アルコールに弱い亡き妻が、その特有の芳醇な香りに、「酔ったような気分」と、洩（も）らしたことを昨日のように思い起こされ印象深く残っています。

３ ヴィノテーク、“祝賀のテーブル”

かなり以前の事。ワインの専門誌有坂芙美子のヴィノテークの創刊20周年記念の祝賀会が新宿のパークハイアットで開催されました。

著者が指定された円形のテーブル席の隣が、当時メルシャンの花形営業本部長の大谷文孝常務で、その隣は直後に紹介されたフランスのシャ

ヴィノテーク創刊20周年記念会場

左はポメリー社副社長、右は大谷文孝元メルシャン常務

ンパーニュの東の大横綱がモエシャドンなら西の大横綱ポメリーで、そのポメリーの端正な顔立ちのプリンス・アラン・ザ・ポリニャック副社長でした。

イタリアンワインの帝王、
アンジェロ・ガヤと

大谷常務は内外のワイン業界を熟知しているなか、初体面の著者を、気軽にポメリーの副社長を引き合わせてくれただけではなく、別席に鎮座していた著者がイタリアワインで最も愛好していた、当時イタリアワインの帝王とまで言われていたガヤの当主、アンジェロ・ガヤまで紹介してくれたのです。

ガイヤの息女ガヤ・ガヤ女史

その日の縁で、過日、北イタリアのピエモンテで、また東京の国際ワイン博覧会でアンジェロ・ガヤと会う機会があり、7、8年後にはガヤの息女ガヤ・ガヤ女史が来日し吉祥寺のエノテカで会った際には新たにトスカーナで生産していた2004年のブッルネッロ・モンタルチーノを入手出来たのです。

大谷元常務とはお陰様で今も交遊が続いてます。

4 トゥール・ダルジャンの老ソムリエ

1582年創業の鴨肉料理の老舗の名門パリのトゥール・ダルジャンに2000年の6月のある日、ランチに訪ねた折の事です。その日は2度目の訪問だったことと、連れと一緒だったこともあって少し気張って、例のハートのラベル、カロン・セギュールの1971年を注文しました。

最後のオーナー、クロード・デラィユと

昼間のビンテージの抜栓のためとあってかディキャンタを手にした恰幅の良い黒服の老ソムリエ兼チーフウエイターは、その後は著者のテーブルに付き切りでワインと鴨料理のサービスに努めてくれました。それだけではなく、紺の上下のスーツに格好良く身を堅めたオーナーのクロード・デラィユ（最後のオーナー）が入口の隅から、老ソムリエと著者のテーブルをジッと見詰めている姿に気付き恐れ入ったのです。

セーヌ川畔のトウール・ダルジャンの全景

トウール・ダルジャンののメイン・ダイニング

しかし、その緊張感もあってかトゥール・ダルジャンならではのガラス窓越しからのノートルダム大聖堂とセーヌの流れの景観をゆっくりと楽しむことが憚（はば）かられ、またたく間にランチは終わりました。

もちろん、鴨料理は絶品でした。ちなみにその日のトゥール・ダルジャン名物の鴨のナンバーは９１４６７２でした。現在は百万をはるかに上回るナンバーとなっているものと推測しています。

5 ハリーズバー“一幅の絵”

イタリアのヴェネツィアにはたくさんの想い出があります。

その一つに1931年創業のかの文豪ヘミングウェイがこよなく愛し通い続けたハリーズバーは、今も昼間から世界中からの来客で賑わっています。そのハリーズバーでの出来事です。

ハリーズ・バーの品の漂う入口

1階は午前からオープンしていますが、2階は夕刻5時からのオープンです。だがこの近辺の建物からの円形の教会の屋根と運河を行き交う船の景観美は、ドイツの文豪ゲーテのイタリア紀行で、ヴェネツィア最高の"一幅の絵画"と言わしめるほど絶景美なのです。

窓から見える貴婦人と呼ばれるサンタ・マリア・デッラ・サルーテ教会

そのためもあって著者は初の訪問時にハリーズバーからの2階の窓側の席を確保したいと願いましたが先客が居て適いませんでした。

2度目の訪問時のランチ時に、2代目オーナー、アリーゴ・チプリアーニに著者はその思いを話したところ、明日早めに来店し、5時きっかりに2階の窓側の席に陣取れば、予約の客より優先して席取りが可能であると教えられたのです。そこで友人の小川孝と夕食を2階で摂るべく3時から1階で飲食し、5時には2階に席替えして7時まで運河の夜の絶景を心ゆくまで堪能することが出来ました。

この4時間に、2人でヴェネトのソアヴェとアマローネを各1本、ハリーズバー発祥のカクテル、ベリーニを各2杯、料理は牛の本格的なカルパッチョとサフランのリゾットなど悔いのないほどのベネツィアの美味を味わうことが出来たのです。花より団子ではなく、団子より花の絶景に満足し帰国したのでした。

6 ブッルネッロの"ビオンディ・サンティ"

1970年から1980年代のイタリアのビオンディ・サンティ社のブッルネッロは、著者の口に良く合い、何とか手に入る価格帯でもありました。

12年ほど前に、友人の小川孝とヴェネツィアのリード島ウェスティン・エクセルシオールに宿泊した際に、アドリア海を前にして1978年のビオンディ・サンティを開けました。価格が日本での半値以下だったので気安く飲めたのです。

それから６年後、銀座のソニービルに在ったサバティーニで躍進中の中堅企業の代表者から著者の長女桂と次女櫻の３人で、1988年のビオンディ・サンティを馳走になりました。次女は母親似で全くのアルコールのアレルギー体質で飲めない口でしたが、後にこの日のブッルネッロだけは少しだが口にしてみて絶品であったと感想をもらしました。

年代別のブッルネッロのビォンディ・サンティ

察するにブッルネッロのなかにはあってビオンディ・サンティは別格と言えるでしょう。

7 シチリアの“エトナ・ロッソ”

13年前に、イタリア半島のワイナリーを巡ったあと、かねてから念願であったシチリア島に渡り、古代ギリシア及びローマ帝国の支配下にあった美しい神殿と遺跡の残るタオルミーナを訪ねました。

タオルミーナのギリシア古代劇場からのエトナ山

泊まったホテルの窓越しには雪を被ったエトナ山の雄大な姿が望めました。翌日、エトナ山麓の小さな町で口にしたエトナ・ロッソは思いがけない良質なワインだったため３本買い求めて帰国したのです。

１本1200円ほどの安値でしたが、それから7、８年後には日本国内でシチリア産ワインがかなり出回るようになり、なかでもエトナ・ロッソは以前より３～４倍ほどの高値になったのです。

出来ればもう一度、エトナ火山が望める小さく美しい街タオルミーナをゆっくり散策したいと願っています。

8 アンティノリーの“トリフ”

イタリア、フィレンツェの中心街の小さなホテルに連泊した時のことです。

ホテルの目の前が、幸わいにもアンティノリー家のパレスで、その1階の一画がバー・アンティノリーで連夜通うことが出来ました。その2日目の夜、ひとりバー・アンティノリーでソライヤを飲みながらパスタを食し始めた著者のテーブルの前に、アンティノリーの当主が小皿を手にして立ったのです。そして左手の皿に盛り付けた白い物を、著者のパスタに掛けて良いかどうかを、微笑みながら返事を促したのです。小皿からは芳香が漂（ただ）よい、思わず、「プレーゴ！」と答えると、旬の白トリフがパラパラと掛けられたのでした。

パスタの上には白トリフがたっぷりと掛けられ、何と贅沢な、しかもアンティノリー当主自らのサービスに大満足であり感激したのです。

イタリアワインの名門老舗の当主であっても自分のバーに足をはこび、接客サービスするというイタリアらしいパフォーマンスに頭が下がった一夜でした。

9 ランシュ・バージュの“フォアグラ”

亡き妻とボルドーを周遊した折に、ポイヤックのランシュ・バージュのワイナリー内のホテルに宿泊しました。

夕食にステーキと一緒に分厚いフォアグラが供されました。ビンテージのワインも良かったのですが、後にも先にもその夜の美味なフォアグラを食し

瀟洒なワイナリー内のホテルの入口

たことはなく、今も挨拶にみえたオーナーに感謝しています。

⑩ フレスコバルディ家のワイングラス

ローマの空港内でトスカーナの老舗の名門ワイナリーのフレスコバルディのバーを見つけたので立ち寄りました。すると５日前にフィレンツェの中心街に、新規に開店して間もないバー・フレスコバルディで名刺を交換したフレスコバルディ家の素敵な金髪姿の副社長夫人がカウンター内に立って居たのです。

ブッルネッロを飲み東京便の搭乗時間が迫っていたので立ち上がった著者に、夫人はフレスコバルディの金文字の入った大きなワイングラス２個を、土産にプレゼントしてくれました。今もそのグラスを自宅で使用しています。

⑪ ムートン戦勝の“V”ラベル

ボルドーのムートン・ロートシルトのワイナリーを訪ねた折の事です。

ワイナリーの出入口横のムートンのグッズ売場に、ムートンお馴染みの著名芸術家によるボトルラベルのコピーと実物大の絵葉書が展示販売されていました。なかでもピカソ、シャガール、ダリなどのラベルが目立って見えたのです。

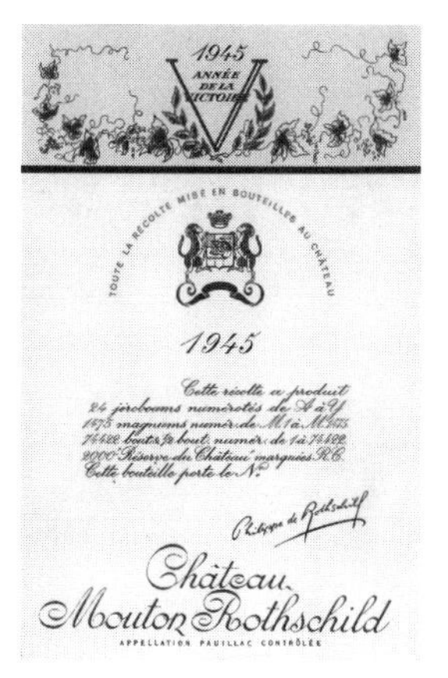

1945年戦勝記念“V”ラベル

しかし、小学校2年の夏に、日本の敗戦を宮城県の蔵王山麓の白石の集団疎開先で体験した著者は、やはり第2次世界大戦終結の1945年の“V”ラベルに目が止まりました。日本人にとって苦しみ続きの敗戦でしたが、連合国にとって勝利の“V”です。だが大戦の終結によって今日のような平和を享受するに至った日本国を思う時､その絵葉書“V”は、地球単位の“V“であったとも考えられ、その絵葉書を手に帰国したのでした。

12 天空のワイナリー“早朝の乾杯”

天空での早乾の乾杯

ヒマラヤ山脈に連なる中国四川省の小金、標高3500メートル級の山岳地帯の斜面に建つ九塞溝ワイナリーに宿泊し、そこを去る早朝の事でした。

工場外の南テラスにテーブルを並べて著者を迎えたスタッフ全員９名が、前年開催されたアジアワインコンクールで著者が金賞を付けたワインをグラスに注ぎ、早朝の送別の宴を開いてくれました。

朝８時というのに太陽の輝きが間近に迫まり、高地特有の澄み切った冷気のなかで、金賞ワインの“乾杯”が続けられたのです。

濃紺の天空に6000メートル級のヒマラヤの山並の麗姿が今も目に浮かびます。

13 プーチン収奪のマサンドラワイナリー

ロシアのウラジーミル・プーチン第4代大統領は2014年２月27日、突如ロシア軍をウクライナ共和国のクリミア半島に侵攻させ３月18日にはクリミアを一方的にロシアに併合しました。

このプーチンのクリミア半島の収奪は、黒海を基点とするロシアのEU諸国への地政学的拠点の確保にある、というのが各国の政治家、外交識者の見解です。このため2014年４月以降、EU及びアメリカ、日本など自由主義陣営の各国は、このロシアに対して軍事的・経済的に対峙し、特に経済制裁のため輸出入を厳しく制限していることは周知のとおりです。

だがプーチンの地政学上のクリミア収奪以外に、もう１つ狙いがワインに関することであることが一般的に意外と知れていないので、そのワインとプーチンに関して記述します。

（1）　ヤルタの離宮はロシアの“聖地”

本書第16章⑧「ヤルタ会談記念ワイン」に記述していますように、クリミア半島のヤルタは、第２次世界大戦の終末を控え、その終戦処理のためアメリカのルーズベルト、イギリスのチャーチル、ソ連のスターリンの３ヶ国の首脳が会談した世界歴史の檜舞台となった場所です。

この会談場所の旧帝政ロシアの皇帝ロマノフ王朝ニコライ二世の夏の離宮リバーディア宮殿はロシア人にとってある意味での国家としての聖地であると言っても過言ではありません。プーチンの大統領就任の一代前のレオニード・ブレジネフ、その前のミハイル・ゴルバチョフの両大統領はいずれも大統領就任後にリバーディア宮殿、マサンドラワイナリー、それに近郊のアルプカ宮殿近くの葡萄畑を訪ねていて、少なくともロシアの政治家にとってはヤルタは“聖地”であるとみなされているのです。

このように政治家にとっての聖地は、中国においても国家主席に就任すると毛沢東の湖南省長沙市郊外の生誕地を訪ね、また日本においては総理大臣に就任すると正月には決まって伊勢神宮や靖国神社に参拝する慣習と同じような“聖地”訪問と言えます。

さらに、そのマサンドラワイナリー内には、ワインの専門家の間で知る人ぞ知る、世界最大のワインコレクションが併設されています。ワイナリーの地下３層のトンネルのカーブには、百万本、一説には2百万本のヨーロッパのオールドワインが貯蔵されています。なかには時価1本1千万円以上のワインが含まれ、総数で数千億円のワインが眠っていると伝えられているのです。

つまりプーチンのクリミア半島の収奪の目的に地政学的な確保と共に、聖地のヤルタ、そしてこのマサンドラワインコレクションの収奪を狙ったものと著者は推測しているのです。そしてそのプーチンの狙いは、

2015年９月に見事に立証されて世界中を驚かせたのでした。

（２）世界の“準遺産”を飲み干す

北イタリアのコモ湖の別荘を、当時のイタリア首相のシルビオ・ベルルスコーニからプレゼントされたプーチンロシア大統領は、そのお返しを長い間考えていました。

ロシアの首相から２度目の４代のロシア大統領に就任したプーチンは、前首相となっていたイタリアの富豪ベルルスコーニをクリミア半島に招待して各地を観光させた後、収奪して間もないヤルタを自ら案内したのが2015年９月20日の事でした。

ヤルタのマサンドラワイナリーの概要を一緒に見学したのち、ワイナリーの地下のカーブを案内し、女性の所長に命じてコレクションワインのなかの１本を２人でその場で飲み干したのです。その２日後の９月22日AP通信によってこの事実が全世界に配信され世界を驚かせたのでした。

飲み干したワインはただのワインではなく、1775年、スペインの南部のシェリー酒の産地として名高いヘレス・デ・ラ・フロンテーラで製造されたワインで、19世紀前半のカフスカ総督ミハイル・ボロンツォークのコレクションワインの1本「ボデガス・ラ・シガレラ」で、時価約10万ドル（約１千２百万円）でした。

プーチンとしては、クリミア収奪後、リバーディア宮殿とマサンドラワイナリーはロシアの没収財産であるとして、イタリアのベルルスコーニに「うちの酒をご馳走した」とのつもりであったようでしたが、一方のウクライナとしては「不当に没収された240年前の世界の準遺産とも言える貴重な財産を勝手に手をつけ盗み飲みをした」と怒り、検察当局に直訴しました。検察当局も仕方なしに９月21日にプーチンとベルルスコーニを横領容疑で捜査を開始したものの、結果はベルルスコーニ自身を３年間ウクライナへの入国禁止の刑を伝えて幕を閉じたのです。

プーチンが友人ベルルスコーニにいいとこ見せの大盤振舞と世間やワ

イン愛好者から評されましたが、時価数千億円と言われるこのマサンドラワインコレクションは、骨董的希少価値からまさに世界の“準遺産”とみられますが､その価値を心底知っているのはプーチンその人なのです。

⑭ 日本の輸入禁止ワイン“マサンドラ”

既述のように、ウクライナのヤルタ会談で行なわれたリバーディア宮殿の近くのマサンドラワイナリーの地下には世界1、2と言われるヨーロッパのオールドワインのコレクション（前項の⑬(1)、(2)に既述）が貯蔵されていると共に今日でも“クリミア・マサンドラワイン”として、スペインのマデラタイプ、ハンガリーのトカイタイプなど優秀なワインを生産しています。糖度の高い長期保存用の甘口で、ヨーロッパでの評判は高く、デザートワインとして珍重されているのです。

ウクライナのマサンドラワイン

しかし2014年２月のプーチンロシア大統領の武力による一方的なクリミア併合後、EU及び米国、日本などの自由主義陣営の各国は、このロシアのクリミア侵攻への対抗処置として経済制裁を断行。ロシア産の主要物資の貿易を禁止、この制裁は現在もなお続いています。したがって、クリミアのマサンドラワインの日本への輸入は禁止されたままの状態にあるわけです。

著者は、「ヤルタ会談記念ワイン」の各誌への筆者としての縁から、プーチンのクリミア半島の収奪後の1年余り、日本国内のマサンドラワインの入手を努めてきたのですが、いずれのワインショップでも在庫切れとなっていて入手を諦めかけていたのです。だが幸いにも2016年６月に、神奈川県のワインショップにマサンドラワインの在庫のあることが分かり、その全て５本を購入。現在もこのうち２本を大事に所持しています。

2001年のムスカト種ベールイ・リヴァシアの白、2002年のピノ・グリ種のアイ・ダニエルの白のいずれも甘口です。すでに72年前となったヤルタ会談記念ワインの外箱と同様のマサンドラワイナリーの門構えがラベルに描かれているのが印象的です。

たかがワインとは言え、世界の歴史に翻弄されるワインの造り手と、ワインの愛好者との間で揺れるワインそのものの"運命"を思うとき、著者はワイン一滴のその時々の重みを感じながら一口一口味わいながら飲んでいるのです。

⑮ 酒泉の玉 "夜光杯"

中国の甘粛省の祁連山山麓の酒泉産の玉で造られた"夜光杯"は、夜間に酒を玉杯に注ぎ、月に向けて杯を上げると、玉杯の濃緑色と透明な薄い緑色とのコントラストによって、複雑で大変不思議な色調に映ります。

夜光杯

こうしたことから、この"夜光杯"は中国では歴史的に多くの文人、武人に愛されてきました。なかでも唐の時代（618年～907年）の王翰（注47）の「諒州詞」に、

美酒夜光杯、欲飲琵琶馬上催。
酔臥沙場君莫笑、古来征戦幾人回。

訳しますと、「葡萄の美酒を高級な夜光杯に注ぎ、飲もうとしたら、琵琶がかき鳴らされ、戦う号令がかかる。酔って砂漠に臥しても君は笑ってくれ。昔からこの戦争に出た人は幾人帰ってこれたであろうか―」

著者はつい最近、この"夜光杯"を中国のワイン関係者から土産として贈られ2個所持しました。いつ、どこで、誰と、この"夜光杯"で乾杯できるかを楽しみにしているのです。

⑯ ココ・ファーム・ワイナリー

（1） デザートワイン“マタヤローネ”

デザートワイン“マタヤローネ”

足利のココ・ファーム・ワイナリーの池上専務と本書の取材で電話でのやり取りをしていた折に、同社のマスカット・ベリーＡの半乾燥のデザートワイン“マタヤローネ”がイタリアワイン好きの著者にはヴェネトの“アマローネ”の呼称と良く似ているので、そのネーミングの由来を質（ただ）したところ次のような回答が返ってきたのです。

このデザートワインの最後の作業、コルク打ちがハードで、スタッフ全員が疲労困憊（こんぱい）のなかでその日の終了が間近になった時、身障者の園生のひとりが、池上に向かって、「またやろうね！」と声をかけました。アマローネの呼称は当然問題があり、このデザートワインのネーミングに苦慮していた池上は、園生の一言で、即座に“ＭＶ・マタヤローネ”と決めたとのことです。

ココのワインのネーミングは詩的なものと、隠された由来が秘められていて大変ユニークで楽しいです。

「第1楽章」「陽はまた昇る」「月を待つ」「農民ロッソ」「風のエチュード」等々。

ちなみに著者の恩師澤登晴雄と弟芳の兄弟の作出“小公子”を、ココでは毎年微発酵性ワインのヌーボー、「のぼっこ」（NOVOCCO）として生産発売していて、人気商品の一つです。

（2） 感性豊かな指導者

デザートワイン“マタヤローネ”のネーミングの由来を池上専務から電話で聞いて間もなく2017年８月上旬、記述のようにその感性豊かな指導者に会ってより多くの話を聞きたいと足利のココワームワイナリーを訪ねました。

池上と名刺交換もそこそこに、著者は池上自らの軽自動車の運転で、社屋の前の小高い葡萄畑の細道を登りきり、平坦な頂上で降ろされました。頂上からはグリーンの葡萄畑越しに、スタート地点のワイナリーのゲート屋根とワイン生産工場、さらには障害者支援施設のこころみ学園の全ての施設が俯瞰できました。体の向きを反対に替えると、遠く足利の街並が望め此処、ココファーム・ワイナリーが雑多な街衢（がいく）から離れた一段高い狭間に、まるで別世界のように存在していることが良く理解できたのです。

やがて驚いたことに、池上は車から手籠を取り出して、頂上の平地に設けられていた木製のテーブルに白いクロスを敷くと、次に手品のようにグラスを置き、白いワインを注ぐと著者に差し出しました。冷えたワインは喉（のど）に沁み渡りました。夏とは言え少し涼しげな風が吹き、小高い山頂でワインを飲みながら、足下のこころみ学園の施設とワイナリー概要の説明を聞くという、大変意義深く贅沢な至福の時間を過ごすことが出来たのです。

丘を降りてワイナリーの各施設を見学したほか、池上の若い頃の居住スペースでのグランドピアノと古びた書棚が著者には強く印象に残りました。また園生用の映画試写室「地下シネマ」での白いスクリーンと椅子代わりの木製のワイン樽の光景が特徴ある空間として目にやきつきました。

女性の身で、父親から引き継いだ障害者施設の運営と、60年目を迎える園生が手塩にかけて育てた葡萄によるワイン造り。それにはなみなみならぬ心くばりと感性の豊さが要求されるものと推測されます。施設とワイナリー双方を軌道に乗せて成功に導き、さらに優良なワインを多数世に送り出している手腕と良き指導者としての有り様に、著者は頭が下がる思いでした。

馳走になった好物の真鴨のモモ肉のソテーとマスカット・ベリーＡの“第１楽章”とのマリアージュは此処（ここ）“ココ”での2度目の至福の

味わいでした。

あとがき

本書本文の記述を終え振り返ってみると、その内容の一部分で、著者独自の独断的思考に落入っていることに、少しためらいを感じはしたものの、核心部分には揺ぎない“未来思考と情熱”を抱いていることを改めて感じているところです。

1 産学協同の精神

第15章での中国訪問で記述しましたように、過去21年間、毎回10ヶ国以上の国のワイン専門家の集いに浅学非才な著者が、外国人として最も長く参加し、海外の代表者から揉まれ揉まれてきた過去を思う時、日本国内のワイン専門家の多くが“井の中の蛙”的存在であることを知って背筋の寒くなるのを常に味わってきたのでした。

ことに日本にあっては、日本独特の“ソムリエ”、つまり批評家存在を前面に押し出して、日本のワイン産業に数多く君臨している現状に厭味を感じてならないのです。

少なくとも、欧米やワイン生産の後進国の中国でも“ソムリエ”はあくまでも飲食業のサービス業役であって、葡萄栽培とワイン醸造に関するアカデミックな会議や研究討論の場には大学関係者や公共機関の専門家の参加が建前とされています。

“舌”と批評が巧であるからといって、造り手の分野に立ち入り、犯すことには一線を画す気構えと謙虚な姿勢がソムリエにあってしかるべきかと考えます。

そうした面で、多くのワイン生産国では産学協同の精神が色濃く、関係大学とワイナリーや資材関係企業と連携して、ワイン産業の未来に前向きに取り組んでいる実情を見て、著者としては常に羨しく感じているところです。

2 ワイン二極化の表われ

既述のように、本年４月13日から３日間、東京日比谷公園の噴水広場で開催されました「日本ワイン祭」で、ワイン１杯300円から最高1500円までの試飲が可能のなか、普段飲む機会が少ない地方色の濃いこだわりの高額なワインが、いち早く完販となったことが著者は印象的でした。

日本ワインのなかでも、欧州系種のメジャーでカジュアルな300円のワインを飲みあきたワイン愛好者のなかに、マイナーではあるが個性的で差別化した高額なワインを求めたのではないかと思われます。

「ココ・ファーム・ワイナリー」の1100円のスパークリングワインは別にしましても、秋田の「ワイナリーこのはな」の“鴇小公子”2016と“鴇ヤマソービニオン” 2016の500円、「岩手くずまきワイン」の“小公子”400円、「サントリ登美ワイナリー“塩尻”」の“メルロー”1500円、「ドメーヌ・ヒデ」の干乾し“甲州”1500円、「安曇野ワイナリー」の“メルローとカベルネ”900円、「安心院葡萄酒工房」の“小公子”700円がその例と言えます。

この傾向は何にも日比谷での日本ワイン祭のユニーク性にあるのではなく、どうも国際的にそうした流れに向っているようです。つまり端的に言えば、カジュアルなテーブルワインと、こだわりの差別化したワインの二極化が進んでいるのです。

その傾向の一つの証在として紹介します。著者が４月の訪中の折に訪ねたワインコルクの製造会社で、自然コルクと合成コルクの価格は自然コルクが合成コルクの10倍であることを初めて知ったのです。会社では年間同率の3000万個の合計6000万個を販売しているそうですが、合成コルクは日本の価格でワイン１本1000円台、自然コルクは１本3000円台以上のワイン用として使用していると話していました。仮りに日本円で合成コルクが１個５円としますと、自然コルクは50円となり、かなりの価格に差があります。そうした観点からは２、３年以内に抜栓するカジュアルなワインは合成コルク、もしくはプラスチックやスクリューキャップで充分使用できるわけで、樹林の自然環境を守る意味でも、割高な自然コルクの使用を抑制できるのではいか、との考えが浮上しているのです。

自然保護の観点のみではなく、国際的に一般のワイン愛好者がカジュアルなテーブルワインと、こだわりのワインの差別化を将来に向けて選択し、わりきって買い求めていくのではないかと予想されるのです。

その傾向の一端が、日比谷のワイン祭で表面化し、ワインの二極化が今後国際的に進むのではないかと考えられるのです。

3 山葡萄ワイン造りの“応援団”

改めて著者の思いをここで吐露します。

山葡萄100％ワインの作出が、今後の日本ワインの中核から、日本ワインの代表格として牽引し、併せて山葡萄交配種系ワインの市場占有率が増大するものと考えられます。

既述しましたように（第９章「日本ワインの未来の8」）2017年９月から３ヶ月、著者の主宰により「山葡萄＆山葡萄系ワインの試飲会の第１回」“純日本産高品質赤ワイン発見の集い”を開きました。この試飲会で知ったことは多くのワイン愛好者が山葡萄100％ワインを飲んだ機会が無く、この試飲会を通じて飲み易く、美味な味わいを初めて感じた、という声が多かったことです。

2018年第２回を開くか否かは、著者としては目下考え中です。しかし、山葡萄栽培とそのワイン造りに挑んでいる“達人”や“匠”に将来に向けて努力、躍進してもらうために、全国のワイン愛好者のなかに著者の思いに賛同し、外野的存在から積極的な「応援団」の一員として、造り手の達人と匠たちと手を取りあい、日本山葡萄ワインの進化発展の仲間になって貰いたいと心より願って止まみません。

2018年５月６日
濱野吉秀

●参考文献

参考文献（順不同）
「ほんとうのワイン」＝自然なワイン造り再発見=パトクック・マシューズ著　立花峰訳　白水社　2004年
「ビオディナミ・ワイン35のQ＆A」アントワーヌ・ド・ビニュー著　星埜聡義訳　立川峰夫解説　白水社刊　2015年
「原色牧野植物大図鑑」牧野富太郎著　北隆刊行　1982年
「日本の野性植物」佐竹義輔著ほか　平凡社刊　1982年
「ヤマブドウ研究=樹及び果実の特性」岡山大学農学部学術報告 2008年
「ヤマブドウ果の抗炎症」・抗アレルギー等の活性と活性成分研究」岡山大学有元佐賀恵研究報告
「ワイナリーに行こう2018」イカロス出版刊　2017年
「特集　ひるぜんワインが映える真庭ライフスタイルを目指して」植木啓司著　地域開発センター刊　2016年
「ワインの力」濱野吉秀著　飛鳥新社刊　2010年
「ワインの鬼」濱野吉秀著　筑波書房刊　2016年
「日本のワイン」山本博著　早川書房刊　2003年
「ワインのエピソード」山本博著　東京堂出版　2014年
「弘前　藤田葡萄園」藤田本太郎著　小野印刷企画部刊　1987年

●著者 プロフィール

濱野　吉秀（はまの　よしひで）

1937年11月３日東京生れ。東京農業大学農業拓殖学科中退

ワイン研究家。食品開発家。

「中国」西北農林科技大学葡萄酒学院名誉教授。中国国際ワイン評価委員。日本葡萄愛好会顧問。

グルマン世界料理本大賞2010年健康飲料部門で著書「ワイン力」世界第４位受賞、

2016年有機ビオナミ部門で著書「ワイン鬼」世界第２位受賞。

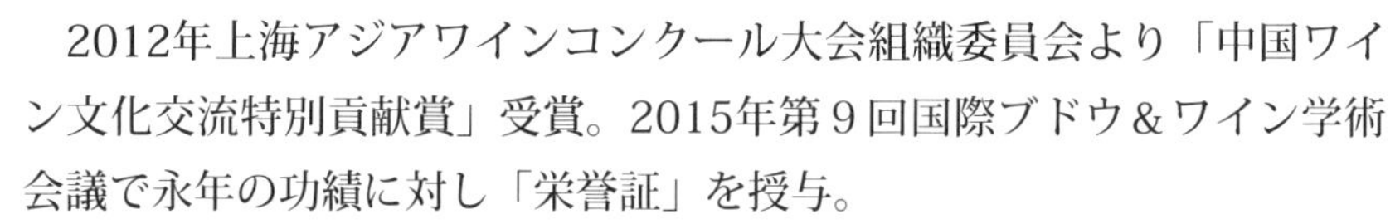

2012年上海アジアワインコンクール大会組織委員会より「中国ワイン文化交流特別貢献賞」受賞。2015年第９回国際ブドウ＆ワイン学術会議で永年の功績に対し「栄誉証」を授与。

文藝春秋社刊「マルコポーロ」、朝日新聞社刊「UNO」、ワック社刊「ウィル」各誌の「くいもの探偵団団長」飛鳥新社刊「ワインの力」、筑波書房刊「ワインの鬼」ダイセイコー刊「奇跡の一滴が脳に効く」「お腹をしぼれ引き締めよ」等著書著述多数。

見えてくる日本ワインの未来
～真説　日本ワインの源流～

発行日　　2018年9月30日　初版発行

著　者　　濱野吉秀　Yoshihide Hamano
発行人　　早嶋　茂
発行所　　株式会社旭屋出版
東京都港区赤坂1-7-19キャピタル赤坂ビル8階　〒107-0052
電話　03-3560-9065（販売）
03-3560-9066（編集）
FAX　03-3560-9071（販売）
旭屋出版ホームページ　http://www.asahiya-jp.com

郵便振替　00150-1-19572

編　集　　井上久尚
デザイン　株式会社BeHappy

印刷・製本　株式会社シナノ

ISBN978-4-7511-1351-6　C2077

定価はカバーに表示してあります。
落丁本、乱丁本はお取り替えします。